聚合物微球调驱机理实验与应用实践

曹　毅◎著

中国石化出版社
·北京·

图书在版编目(CIP)数据

聚合物微球调驱机理实验与应用实践/曹毅著.—北京:中国石化出版社,2022.9
ISBN 978-7-5114-6860-4

Ⅰ.①聚… Ⅱ.①曹… Ⅲ.①低渗透油气藏-油田开发-研究 Ⅳ.①P618.130.2

中国版本图书馆CIP数据核字(2022)第189166号

中国石化出版社出版发行
地址:北京市东城区安定门外大街58号
邮编:100011 电话:(010)57512500
发行部电话:(010)57512575
http://www.sinopec-press.com
E-mail:press@sinopec.com
北京科信印刷有限公司印刷
全国各地新华书店经销
*
787毫米×1092毫米16开本9印张258千字
2023年12月第1版 2023年12月第1次印刷
定价:76.00元

前　言

目前，在世界范围内，低渗透油藏在油藏中所占的比例越来越大。低渗透油藏的基本特征是孔隙度和渗透率低、微裂缝比较发育，注水开发后容易形成水流优势通道，导致注入水迅速突进，严重影响低渗透油藏的开发效果，进而大幅增加油藏开发成本。为了有效提升水驱后低渗透油藏的开发效果和提高最终采收率，科技工作者提出了聚合物微球调驱技术，并将该技术在国内各大油田中进行了矿场试验，其中在长庆油田、中原油田等油田中进行了广泛应用。聚合物微球的主要特点是粒径小、可进入低渗透油藏深部，从而实现深部调驱。在原始油藏条件下，微球吸水膨胀后粒径增大，进入储层后吸附在孔喉壁面上，有效增大了水流优势通道的渗流阻力，降低了高渗透储层的渗透率，实现了后续水驱的液流转向，扩大了后续水驱波及效率，提高了低渗透高含水油藏的最终采收率。

笔者结合自身近年来取得的科研成果，经过不断积累和完善，编写完成了《聚合物微球调驱机理实验与应用实践》一书。全书共分为六章：第一章主要介绍了低渗透油藏聚合物微球调驱研究过程中涉及的基本概念和国内外研究现状；第二章依据实验结果，从聚合物微球微观特征、吸水膨胀特征、流变特征、粒径分布及团聚特征四个方面分析了聚合物微球的理化特征；第三章通过物理模拟实验和微观可视化实验研究了聚合物微球在低渗透油藏中的技术界限；第四章通过岩石矿物对聚合物微球的吸附实验研究了不同矿物吸附聚合物微球的能力；第五章以建立的理论模型为基础，研究了聚合物微球在孔隙中的运移、附着、滞留，以及实现调驱的作用机理和分流机制；第六章以矿场试验结果验证了所建立的聚合物微球调驱理论模型的可靠性。

本书由“西安石油大学优秀学术著作出版基金”资助出版，同时得到了西安石油大学博士助推计划、陕西省自然科学基金面上项目“纳米聚合物微球在孔喉内壁附着沉积机理及运移分流机制(2021JM－408)”、陕西省博士后基金一等资助项目“不同介质在致密油藏基质中对原油的排驱机理及数值模拟研究(2018BSHYDZZ53)”、中国石油大学(北京)油气资源与探测国家重点实验室开放课题基金(PRP/OPEN－2112)等科技计划及科研项目的支撑。在本书编写过程中，长庆油田油气工艺研究院吕伟高级工程师完成了本书第六章内容的编写，同时得到了长庆油田油气工艺研究院易萍、吴天江等专家，西安石油大学陈军斌教授、徐建平教授、聂向荣老师、龚迪光老师、张金元博士、姜旭硕士，中国石油大学(北京)赵文景博士的指导和帮助，在此一并表示衷心的感谢。另外，对本书中引用的相关研究资料的著作者和其他相关研究人员表示感谢，由于篇幅有限在此不能一一列举，深表歉意。

限于笔者水平，书中难免存在不妥之处，敬请读者批评指正。

目　录

第一章 概 述

第一节 聚合物微球定义

聚合物微球是指粒径在纳米级至微米级，形状为球形或其他几何体的聚合物材料。其形状和外貌可以是多种多样的，包括哑铃形、洋葱形、实心、空心、多孔等。聚合物微球包含微囊(也称为微胶囊)，微囊通常是指微球中间包埋了某种特殊物质的微球。

20 世纪 50 年代，单分散的聚合物微球的成功制备为高分子科学开辟了一个新的研究领域。近年来，具有不同表面基团、内部结构的聚合物微球，以及复合纳米粒子微球的制备技术取得了长足的进步。特别是以丙烯酰胺为主要反应单体的通过均聚或共聚形成的聚合物微球是反相微乳液聚合技术研究最多的一类高分子化合物。利用该聚合技术制备纳米级聚合物微球的相关研究日趋成熟，使得聚合物微球的应用范围更加广阔，尤其在石油开采中的应用尤为活跃。该聚合技术制备的纳米级丙烯酰胺类聚合物微球可根据地层孔喉调节尺寸大小，且具有一定的强度和弹性。作为深部调驱剂的一种，聚合物微球在油田开发中得到了初步应用，同时聚合物微球调驱技术也获得了探索性的发展。

在进行丙烯酰胺类反相微乳液聚合之前，首先须制备反相微乳液，即在乳化剂的稳定作用下，呈纳米尺寸、微液滴态的单体水溶液被高度分散于油中，形成外观清亮、透明的 W/O 型胶体分散体系，该聚合体系有稳定的热力学性质，且在光学上呈各向同性。油水界面上排列有序的乳化剂单分子层将微液滴包围，形成“微反应器”，然后“微反应器”中的丙烯酰胺类单体在化学、光化学或辐射等方式的引发下发生聚合，整个微液滴将聚合成微球，于是得到粒径分布均一的纳米级微球分散体系，聚合后的体系经破乳、抽滤、洗涤、真空和干燥等操作后即得聚合物微球。

聚合物微球乳液具有膨胀性、抗剪切性、抗盐性、可变形性、封堵性等，可用于油田深部调驱和控水增产，解决层内注水非均质性问题，充分动用剩余油，效果特别明显。国内外在聚合物微球调驱技术方面已做了大量的研究。

第二节 国外研究调研

20 世纪 50 年代，美国 Vanderhoff 和 Bradford 成功合成了单分散的聚合物微球，为高分子科学开辟了一个新的研究领域。此外，这些单分散、具有不同结构形态、不同相对分子质量、表面有不同功能基团的聚合物微球在许多领域都有广泛的应用。

20世纪70年代，英国ICI公司科研人员首先提出了分散聚合技术。分散聚合是一种特殊类型的沉淀聚合，单体、稳定剂和引发剂都溶解在介质中，反应开始前为均相体系，所生成的聚合物不溶解在介质中，当聚合物链长达到临界链长后，便从介质中沉析出来，与一般沉淀聚合的区别是沉析出来的聚合物链没有形成粉末状或块状的聚合物，而是聚结成小颗粒，它们借助分散剂稳定地悬浮在介质中，形成类似于聚合物乳液的稳定分散体系。利用不同的聚合反应方法可以制备出不同粒径的聚合物微球。

20世纪80年代，Candau等第一次应用反相微乳液的方法得到了聚丙烯酰胺。近年来，利用反相微乳液法制备纳米聚合物微球的研究日趋成熟，利用该聚合技术制备的纳米级丙烯酰胺类聚合物微球可根据地层孔喉调节尺寸大小，且具有一定的强度和弹性。作为深部封堵剂的一种，聚合物微球在油田开发中得到了初步应用。

英国石油公司研究人员发明了"Bright Water"深部调驱技术，在印度尼西亚Minas油田进行了先导试验。结果表明，注入大量调驱剂后近井地带没有发生堵塞现象，颗粒可以在岩石孔道中运移和吸水膨胀。

俄罗斯IFP研究机构提出了一种可调控尺寸的深部调驱颗粒技术，采用丙烯酰胺/丙烯酸盐/磺酸盐基团的三元共聚物，以三价铬盐或四价锆盐为交联剂形成凝胶颗粒。由于颗粒之间的静电排斥力，凝胶颗粒可在孔道中传输、运移，并优先降低水相渗透率，以起到调节渗透率的作用。此外，凝胶颗粒体系是高度交联的含磺酸盐基团体系，具有优良的抗温性和抗盐性，并且多个矿场试验结果表明，该技术可取得较好的增油降水效果与经济效益。A. Zaitoun等首次报道了聚合物微球调驱剂在气井堵水作业中的成功应用案例。Chauveteau等研究了乳酸铬/磺化聚丙烯酰胺颗粒凝胶体系，以及XANES和NEXAFS形态，给出了控制凝胶颗粒尺寸与成胶时间的方法。Yao等通过三维孔隙级微观可视化模型研究了聚合物微球在多孔介质中的运移机理，揭示了聚合物微球在孔隙表面的沉积现象，相比较卡堵、架桥等现象，岩石颗粒表面沉积是储层捕获聚合物微球中广泛存在的一种形式。

近年来，具有不同表面基团、内部结构的聚合物微球及复合纳米粒子微球的制备技术取得了长足的进步。这些功能微球作为基元，广泛用作许多材料的填充物，从而赋予了传统材料新的、特殊的物理化学性质。同时，聚合物微球在油气开发过程中逐渐被重视起来。对于聚合物微球调驱机理的研究主要有以下两个方面。

1. 聚合物微球与地层孔喉匹配研究

常规的孔喉匹配理论都是通过物理模拟在特定渗透率、孔隙度下进行驱替实验，优选出采出程度提高最明显的聚合物微球粒径范围，因为使用的聚合物微球的性质及物理模型的差异，所得出的匹配指数各不相同。当前用于筛选适用于目标地层的聚合物微球最常用的孔喉匹配理论有两种。

(1)经典1/3架桥封堵理论。A. Abrams在1977年系统研究了1/3架桥封堵理论，他采用了如图1－1所示的物理模型，通过注入不同类型的固体无机颗粒，观察其运移的距离及测点注入前后的渗透率，判断并选出最适合的类型。

如图1－2所示，再通过对物理模型及优选类型的粒径分析得出其主要粒径，发现优选固体颗粒粒径为物理模型孔径的1/3。最终得出结论：含有桥接材料且满足1/3架桥封堵理论的泥浆体系仅仅侵入岩层1in的深度。该规则要求泥浆体系必须含有直径大于或等于地层孔隙半径中值1/3的桥接材料，体积至少为泥浆总体积的5%。这种匹配方法在聚合物微球使用初期得到大规模应用，在计算储层平均孔隙半径后选择其1/3粒径的聚合物微球。但是，该项研究的主要目的是分析钻井过程中泥浆对地层的侵入情况，其使用的颗粒为无机颗粒，无机颗粒不具有聚合物微球颗粒的弹性特征。因此，利用该研究方法所得的结论不能准确反映聚合物微球的调驱封堵机理。

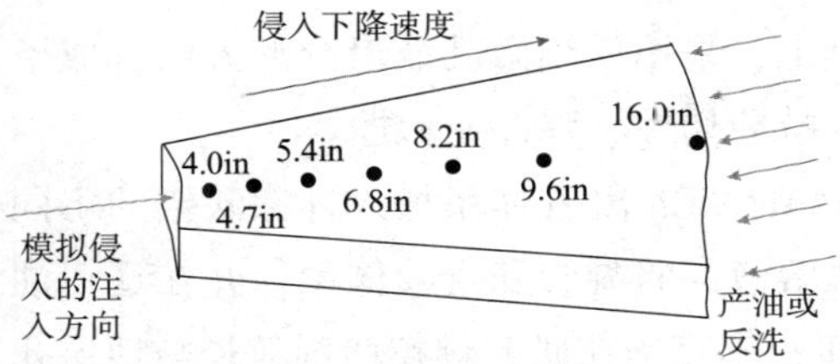

图1－1　实验中使用的径向模型

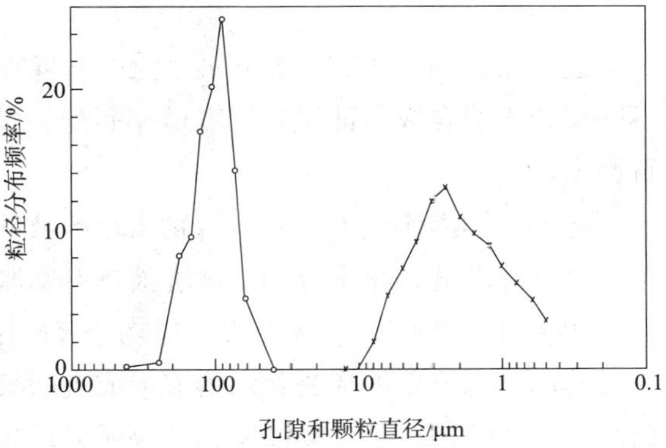

图1－2　孔隙和颗粒直径与粒径分布频率

(2)孔喉匹配理论。为了探究聚合物微球与岩石孔喉直径的匹配性，雷光伦、姚传进等进行了不同孔隙直径岩心中的微球渗流实验。通过分析得出：当微球粒径与孔喉直径比为1.42时，封堵效果最好。这种通过物理模拟得到聚合物微球进入孔喉粒径的方法不能从机理、几何角度分析出聚合物微球进入地层的方式，而且由于使用的是微米聚合物微球，与纳米聚合物微球的性质存在差异。

其他学者也对聚合物微球与地层的匹配做了大量研究。Hua和Lin认为颗粒粒径为核孔直径的1/3～1/2时聚合物微球能够进入并有效封堵，而Bai认为颗粒粒径与孔喉直径的比值主要分布在2～4。但现有理论大多通过物理模拟宏观实验进行筛选，并且地层孔喉直径多采用平均孔喉直径，不符合非均质地层特性及不适用于纳米聚合物微球。可以发现，通过制备符合目标区块地层性质的岩心或填砂模型的物理模拟方法并不能广泛地适用，以及深刻地解释聚合物微球与地层孔喉的匹配机理。

2. 聚合物微球运移机理研究

聚合物微球的运移机理研究主要分为实验研究和理论研究。实验研究方法主要有填砂模型及人造岩心物理模拟实验、CT扫描、核磁共振、扫描电镜、激光粒度测试、流变性质测量(流变仪)、玻璃填石英砂仿真模型、刻蚀玻璃模型+图像处理系统等。

Liu 通过将凝胶颗粒的配制、透射电镜、动态扫描、平行填砂模型物理模拟实验、扫描电镜、可视化微观实验相结合，系统研究了颗粒类调剖剂的调剖特性，认为封堵是其主要作用方式，但其使用的颗粒为微米级颗粒，且选用刻蚀玻璃尺寸与颗粒尺寸形成封堵的几何匹配条件。姚传进系统地从宏观—微观物理模拟实验角度研究了孔喉尺度弹性微球作用方式，但没有从数学模型角度对不同粒径聚合物微球进行研究。杨红斌从流变、剪切力学及动力学角度，结合可视化物理模拟、平板裂缝物理模拟等实验，重点研究了聚合物微球的蠕变特性，提出了剪切增稠等聚合物微球调剖机理。

第三节　国内研究调研

近几年，国内研究人员开展了聚合物颗粒深部调驱技术研究，采用乳液或微乳液等以不同聚合方法合成与油层孔隙喉道相匹配的弹性小球体，其尺寸变化范围为几十纳米到近百微米。

此外，国内研究人员在聚合物微球溶液的基础上，采用反相微乳液聚合的方法合成了聚合物微球乳液。该聚合物微球乳液具有膨胀性、抗剪切性、弹性变形性。

2000 年，李明远、林梅钦、郑晓宇等使用 HPAM/AlCit 凝胶体系加入柠檬酸铝的不同浓度的部分水解聚丙烯酰胺水溶液形成交联聚合物溶液、弱凝胶和凝胶体系，并在辽河油田高升采油厂进行了矿场试验，效果明显。2000 年，李克华在研究颗粒堵剂粒径与地层孔径的匹配关系时提出了利用 1/3 架桥封堵机理封堵孔喉。2004 年，杨胜来、魏俊之编写的《油层物理学》中给出了渗透率和孔隙半径的关系，如式(1－1)所示：

$$r=\sqrt{\frac{8K}{\phi}} \tag{1-1}$$

式中　r——真实岩石的平均孔隙半径，μm；

K——真实岩石的渗透率，μm^2；

ϕ——岩心孔隙度，小数。

例如，某低渗透油藏孔隙度 $\phi=0.15$，渗透率 $K=0.001\mu m^2$，则可以求出 $r=0.23\mu m$。对于长期注水的储层，若渗透率为 $10\mu m^2$，则 $r=23.09\mu m$。可以看出，低渗透油藏的水流优势通道的孔喉半径为几百纳米至几十微米，而聚合物微球膨胀后粒径大小和水流优势通道的孔喉半径匹配，因此能够发挥较好的封堵作用。

2005 年，赵怀珍等采用反相微乳液法制备了聚合物微球。她将电导法和相体积法相结合，同时借助相图、黏度计、光学显微镜等，研究了 Span80－Tween60/白油/丙烯酰胺/丙烯酸钠/H_2O 体系形成反相微乳液的过程，以及表面活性剂 Span80 与 Tween60 质量比、温度、乙酸钠对体系形成反相微乳液的影响。

2006 年，孙焕泉等通过电镜制片，得到聚合物微球水化前后的电镜照片。他们通过人造岩心封堵实验研究了浓度对封堵率的影响。同时，通过对填砂模型 4 个等距测点压力的研究，得出聚合物微球的运移特征及分级深度调驱机理。同年，王涛等研究了矿化度、温度对微球膨胀后粒径分布的影响规律，结果表明，矿化度越低，温度越高，微球体系的膨胀速度越快，微球粒径大小对封堵效果起决定性作用。理化性能实验结果表明：适量的NaCl有助于微球的膨胀；Ca^{2+}和Mg^{2+}浓度增加，会抑制微球的膨胀。只有在粒径与孔喉匹配的前提下，提高浓度才有意义。

2007年，雷光伦等研究了孔喉尺度凝胶微球的合成，并且观察了其在显微镜下放大1000倍的照片。通过阻力系数实验，研究了孔喉尺度聚合物弹性微球在岩心孔隙中的运移能力。张增丽等通过物理模拟实验研究了矿化度和温度对微球吸水膨胀的影响规律，以及微球在填砂模型中的封堵效果。研究表明：微球具有一定的膨胀性，温度越高，矿化度越低，微球膨胀倍数越大；注入微球能显著提高阻力系数，微球含量越高，注入量越大，注入压力越高，而且在后续注水阶段，微球仍能具有较高的残余阻力系数。宗华等采用微孔滤膜过滤实验，研究了膨胀时间、膨胀温度、交联比对封堵特性的影响。熊廷江等研究了聚合物凝胶微球调驱技术，实验结果表明，该技术可以有效地控制含水率的上升速度，达到提高采收率的目的。凝胶微球调剖驱油针对油层孔隙直径为微米级特点，用纳米聚合物材料合成机理和方法，研究合成与油层岩石孔隙直径相匹配的有机聚合物微颗粒，当微球随水注入油层后，其数量庞大的微粒将广泛分布于油藏岩石孔隙中，并在油藏岩石孔隙中运移、封堵、变形、再运移、再封堵，不断改变油藏岩石中注入流体的流动方向，有效增大油层波及体积，实现改善注水开发效果的目的。孔喉尺度聚合物凝胶微球驱油技术适合注水开发油藏早期调驱，该技术具有减缓油井含水上升速度、提高采收率、改善注水开发的效果。根据油层特点，优选凝胶微球的直径、注入浓度和注入速度是决定最终调剖驱油效果的关键。

2008年，李雅华等用Haake RS6000型流变仪研究了交联聚合物微球分散体系的流变性。韩秀贞等通过低压差下核孔膜过滤实验，研究了不同水化时间后聚合物微球通过核孔膜的封堵性能。王代流等通过岩心驱替实验等对聚合物微球调驱体系的性能进行了探索和评价，实验结果表明，微球可以产生有效封堵，增加渗流阻力和提高注入压力。交联聚合物微球的颗粒粒径和溶胀性能是影响调驱效果的主要因素。为提高交联聚合物微球在高含水、强非均质性油藏深部调驱中的应用效果，通过粒径实验、岩心驱替实验等对交联聚合物微球分散体系的性能进行了评价。结果表明：交联聚合物微球在60℃条件下、用孤岛油田回注污水溶胀10d后，粒径中值增大了34倍；交联聚合物微球分散体系的单个封堵率大于92%，双管岩心驱油实验提高采收率大于11%，交联聚合物微球分散体系完全能够满足孤岛油田高渗透油藏深部调驱的要求。在GD2－24斜516井组实施了交联聚合物微球分散体系深部调驱现场试验，注水井油压上升了2.9MPa，对应一线油井见效高峰期含水率下降了5.6%，单井平均增产原油为5t/d，表明交联聚合物微球深部调驱是改善注水剖面和降低油井含水率的有效方法。

2009年，贾晓飞等提出了微球膨胀动力学方程，绘制了微球膨胀倍数的理论图版，对确定与岩石孔喉相匹配的微球粒径具有重要意义。孔喉尺度聚合物弹性微球具有在油藏岩石孔隙中运移、封堵、弹性变形、再运移、再封堵及全程改变注入水渗流方向的特点。微球膨胀机理为氢键形成、水解和渗透压差引起的扩散。微球的膨胀倍数随矿化度增大而减小，随温度的升高而增大，微球的膨胀最终在溶剂化和次价键缔合的双重作用下达到平衡。利用微球膨胀动力学方程可以定量描述微球膨胀规律，而膨胀倍数理论图版有助于方便、快捷地确定不同温度和矿化度下微球的膨胀倍数，对设计与特定油藏岩石孔喉相匹配的微球体系具有重要意义。实验表明：同一温度下，微球膨胀倍数随着矿化度增大而减小；同一矿化度下，微球膨胀倍数随着温度升高而增大；高温下矿化度对膨胀倍数的影响更显著，低矿化度下温度对膨胀倍数的影响更显著；同一矿化度与温度下，微球膨胀倍数随着时间延长而增大，初始阶段膨胀速率快，随后膨胀速率减慢，最终趋于平衡。

2010 年，贾晓飞等研究了孔喉尺度弹性微球在水驱后填砂模型中的封堵实验、在聚合物驱后注微球再后续聚驱的封堵实验，以及多测点微球运移实验，探究了聚合物微球的有效封堵及深部调驱。刘承杰等应用动态激光粒径仪对聚合物微球粒径进行了测定，运用高渗透管和低渗透管并联的物理模型对分流率、不同质量浓度驱油效率进行了测试，以及在孤岛油田进行了矿场试验，有效地控制了后期含水率的上升。陈治中等通过室内实验结合目标油田的油藏地质状况，选择了 3 种不同粒径和胶结类型的微球体系进行评价，分别提出了聚合物活性微球大球封堵机理及小球封堵机理，小球粒径小于孔喉直径可以顺利通过，流入地层深部再遇水膨胀，封堵孔喉，产生附加阻力(贾敏效应)。大球由于正、负电荷的存在，多个微球成团堆积，形成更大的微球。在孔喉处吸附封堵，从而实现液流转向。用 1m 填砂模型测试了 3 种不同微球的封堵率，以及段塞对采收率的影响。聚合物微球初始粒径较小，具有良好的注入性和遇水膨胀性，膨胀后由于微球表面所带的电荷使其能相互黏结聚并，从而形成尺寸更大的聚集体。通过双管并联岩心分流率实验表明，微球优先进入高渗透层，能有效改善高、低渗透层间的非均质性。驱油实验表明，微球调驱可在聚合物驱的基础上提高采收率 10 个百分点以上。胜利油田矿场实践表明，微球调驱后的注入井油压上升，显著改善了吸液剖面反转现象，使受效井含水率下降，取得了显著的增油效果。

2011 年，曹毅等采用反相乳液聚合法制备了 JYC－1 聚合物微球乳液，该微球乳液可分为毫米级、微米级和纳米级三类，并测定了纳米级微球乳液的粒径和表观黏度随养护时间的变化规律。在模拟油藏温度(70℃)下，JYC－1 聚合物微球水化膨胀且粒径逐渐增大，70℃恒温养护 60d 后，JYC－1 聚合物微球的 *PDI* 值为 0.274，平均粒径超过了 410.8nm，此时微球乳液体系的分散性最好，膨胀作用趋于稳定；JYC－1 微球乳液体系的表观黏度变化不大，70℃恒温养护 60d 后，最大表观黏度为 2.4mPa·s。同时，评价了这种聚合物微球在不同渗透率级差非均质物理模型下的调驱效果。杨怀军等通过测试聚合物微球的化学稳定性实验，以及驱油阻力系数实验，说明了微球对窜流有抑制作用。刘伟等认为聚合物微球是油田广泛应用的一种深部调驱剂，为了确定聚合物微球现场注入参数，利用室内岩心封堵实验，以阻力因子和残余阻力因子作为评价指标，优化了聚合物微球的注入浓度、注入量及注入方式，并利用分段压差研究了聚合物微球在长岩心中的运移规律。结果表明：综合考虑聚合物微球性能与现场经济因素，聚合物微球的最佳注入浓度应为2000mg/L，最佳注入体积为0.4PV，注入方式应为连续注入。聚合物微球可以在岩心中不断地形成封堵和运移，其对岩心中部封堵能力最强，具有良好的深部调驱效果。孙玉青等通过建立微管束模型对聚合物微球机理进行了研究。雷光伦从聚合物微球的合成、理化性能、物理模型调驱、机理研究、数学模型的建立、现场应用实例等方面进行了阐述。

2012年，黎晓茸等通过反相微乳液方法制备了聚合物微球，采用激光粒径仪、透射电镜对微球外观形貌进行了观察研究，采用多测点填砂模型分析了微球段塞对封堵率的影响。长庆五里湾区块的矿场试验表明，聚合物微球在低渗透油藏中可以有效提高原油采收率，且有效作用周期超过了一年。雷光伦等利用微球粒径与孔喉直径之比、驱替速度、微球的质量浓度这三个指标探究了孔喉尺度聚合物微球的调驱效果。娄兆彬等提出了将"PI决策技术"应用在中原油田文25区块聚合物微球调驱过程中。姚传进等根据孔喉尺度弹性微球调驱技术的封堵原理，引入了颗粒粒径匹配系数，通过物理模拟实验，分析了弹性微球封堵性能及渗透率级差对提高吸液剖面能力的影响，并采用双管并联填砂模型岩心流动实验，探讨了聚合物微球的分流能力，以及不同浓度微球体系对分流效果的影响。在计算封堵率时，引入了岩心阻力系数 F_r 和封堵率 η，如式(1-2)、式(1-3)所示：

$$F_r = \Delta P / \Delta P_w \tag{1-2}$$

$$\eta = \frac{K_1 - K_2}{K_1} \times 100\% \tag{1-3}$$

式中 F_r——岩心阻力系数，无量纲；

ΔP——注入调剖剂后或后续注水时填砂模型岩心两端压差，kPa；

ΔP_w——一次注水时填砂模型岩心两端压差，kPa；

η——岩心封堵率，%；

K_1——填砂模型岩心的初始渗透率，μm^2；

K_2——后续注水时填砂模型岩心的渗透率，μm^2。

岳湘安在《提高石油采收率基础》课程中详细介绍了阻力系数与残余阻力系数的概念。阻力系数和残余阻力系数是描述聚合物驱过程中提高波及效率能力的重要指标。阻力系数是指聚合物降低流度比的能力，它是水的流度与聚合物溶液的流度之比。残余阻力系数表征聚合物降低渗透率的能力，它是聚合物驱前后油层水相渗透率的比值，即渗透率下降系数。

2013年，周元龙等利用核磁共振技术研究了聚合物微球微观渗流机理。宋岱锋等通过室内实验观测了功能性聚合物微球的外观形貌，评价了聚合物微球的初始粒径、膨胀性能、耐温耐盐能力，以及不同阳离子和阴离子浓度对聚并程度的影响规律等。通过物理模拟实验探索了聚合物微球的深部调驱性能，采用双管并联岩心评价了聚合物微球的分流能力和提高采收率能力。林日忆等从力学角度对微球临界粒径进行了表征。衣哲等通过室内渗滤实验和核磁共振技术得出，聚合物微球粒径与岩心孔喉尺寸相匹配时，提高采收率效果最好。

2014 年，杨俊茹等采用交联聚合物微球与聚合物溶液复合调驱技术进行了实验，给出了复合体系组成、注入速度、注入量等对驱油效果的影响规律，并对注入参数进行了优化。罗强等研究了聚合物微球在人造砾岩中驱替前和驱替后微球的粒径变化。姚传进等对孔喉尺度微球流变性质进行了测试，表明其具有蠕变恢复特性。

2015 年，武建明等根据聚合物微球调驱特性，对聚合物微球膨胀性能、封堵率、耐温耐盐能力等参数进行了研究，在此基础上，评价了在沙南油田油藏条件下 3 种聚合物提高采收率的能力，优化了聚合物微球现场应用的工艺参数，编制了现场施工方案，该工艺在沙南油田现场应用 16 井次，应用结果显示 16 口井单井注水压力上升 0.5 ~ 4.5MPa。娄钰等对纳米 – 微米聚合物颗粒体系理化性能进行了测试，采用微观驱替系统可进行实时可视化图像采集，观测到微球颗粒发生沉积团聚及在固体表面吸附的现象。

2016 年，胡泽文等研究了低张力聚合物微球粒径变化规律及油藏适应性，研究表明：聚合物 MS – C 的初始粒径为 43.5nm，高温溶胀一周后，粒径能增大 16 倍，且在不同矿化度和不同离子地层水中的稳定性较好；采用填砂模型后发现，注入微球后驱替压力明显上升，且采收率提高了 10.73%，注入表面活性剂后采收率提高了 8.57%，聚合物微球和表面活性剂交替注入的低张力微球体系可使采收率提高 15.74%，在 1 : 1.5 的渗透率级差下，低张力微球体系提高低渗透岩心采收率 34.32%，提高综合采收率 19.91%；聚合物微球的抗温特性、耐盐特性、高温下的良好膨胀性及物理模型驱替实验结果综合表明，低张力聚合物微球调驱提高采收率是切实可行的。梁守成等根据岩心孔喉基本计算公式，计算了岩心的平均孔喉直径，通过吸水膨胀后不同大小聚合物微球在岩心中的封堵效果，研究了聚合物微球大小与岩心孔喉的匹配关系，确定了聚合物微球在岩心中具有稳定封堵性能时微球粒径与岩心孔喉直径的比值范围；从聚合物微球吸水膨胀性能、剪切前后微球粒径变化、不同大小聚合物微球在岩心中的封堵效果、与岩心匹配后的聚合物微球调驱作用对水驱采收率的影响四个方面，研究了聚合物微球尺寸与岩心孔喉尺寸的匹配关系，从而为聚合物微球调剖体系选择提供了实验依据；当聚合物微球粒径与岩心孔喉直径比值在 0.33 ~ 1.50 时，聚合物微球可以在岩心中形成稳定的封堵能力，当聚合物微球粒径与孔喉直径比值在 1.20 ~ 1.50 时，聚合物微球兼具良好的运移能力和封堵能力。王齐禄等利用微管研究了聚合物微球在不同压差下的流动特征。蒲万芬等将聚合物微球、表面活性剂及两者的段塞做了对比实验，得出两者段塞的调驱效果最好。

2017 年，金玉宝、卢祥国等以大庆油田储层和流体物性为模拟对象，采用注入压力、含水率和采收率等评价指标，对聚合物微球油藏适应性评价方法及调驱机理进行了研究。实验结果表明，随着水化时间的延长，微球吸水膨胀倍数(Q)增加，初期膨胀较快，之后膨胀减缓。与 SMGW 相比，SMGY 的 Q 较小。聚合物微球 SMGW 和 SMGY 通过岩心时，压力达到稳定时的岩心渗透率极限值为 $237\times10^{-3}\mu m^2$ 和 $712\times10^{-3}\mu m^2$。聚合物微球调驱的调驱机理与聚合物驱不同，微球进入较大孔隙发生滞留和产生封堵作用，水进入较小孔隙发挥驱油作用。微球恒压实验的采收率增幅大于恒速实验的采收率值，聚合物微球调驱的增油效果优于聚合物驱的增油效果。

2018 年，蒲万芬等研究了聚合物微球粒径与孔喉直径的匹配性问题。研究结果表明：聚合物微球为微米级圆球状凝胶颗粒；与由高才尼公式和岩心压汞法获得的平均孔喉直径的差距较大。聚合物微球在不同匹配系数条件下的运移与封堵模式可划分为完全封堵、高效封堵、低效封堵和顺利运移。对于主要目的是实现油藏近井地带调驱，应优先考虑高效封堵模式对应的匹配系数范围；若主要目的是实现油藏深部调驱，则应首先考虑低效封堵模式对应的匹配系数范围，从而筛选出适宜的聚合物微球粒径。与利用高才尼公式计算的结果相比，岩心压汞法测试结果能更准确地反映岩心喉道分布规律，因此建议在实际工作中，应重点考虑岩心压汞法对应的匹配系数范围。

对聚合物微球的理论研究还有张量分析、弹性力学分析、数值模拟等方法。如表 1－1 所示，孙玉青建立了聚合物微球压降数学模型，提出了聚合物微球的调驱机理为其在孔喉的附加阻力作用。姚传进等认为孔喉尺度聚合物微球可封堵在近井储层的大尺寸孔隙中，在注入水的高压下，注入水发生转向，从而启动小尺寸孔隙中的剩余油。赵玉武等建立了考虑水化膨胀、堵塞、渗透率下降等因素影响下的三维两相三组分纳米－微米聚合物调驱数学模型，研究了纳米聚合物微球的调驱特性。

表 1－1　聚合物微球研究现状

<table>
<tr><th>研究类型</th><th>研究方法</th><th>研究内容概述</th><th>存在问题</th></tr>
<tr><td rowspan="7">实验研究</td><td>填砂模型、人造岩心物理模拟实验</td><td>通过饱和油、水模拟真实地层，进行驱替实验</td><td>仅能从宏观大尺度上计算采出程度、压力等，无法解释微观机理</td></tr>
<tr><td>CT 扫描、核磁共振</td><td>研究注聚合物微球前后孔隙的分布情况</td><td rowspan="2">仅能分析静态下聚合物微球的形貌特征及变化规律</td></tr>
<tr><td>扫描电镜、激光粒度测试</td><td>观察微球变化</td></tr>
<tr><td>流变性质测量（流变仪）</td><td>测量微球黏弹性</td><td>不能定量分析微球在不同剪切力作用下的受力情况和形态变化</td></tr>
<tr><td>玻璃填石英砂仿真模型</td><td>采用平板玻璃（约 10cm × 10cm）填砂驱替</td><td>不利于观察颗粒微观运移，模型孔隙结构不可控</td></tr>
<tr><td>刻蚀玻璃模型＋图像处理系统</td><td>通过图像处理系统研究刻蚀玻璃模型中剩余油分布</td><td>仅研究聚合物微球调驱后的剩余油分布</td></tr>
<tr><td>刻蚀玻璃模型</td><td>通过刻蚀玻璃观察封堵、蠕变现象</td><td>没有结合几何条件研究颗粒微观运移，没有控制刻蚀玻璃性质</td></tr>
</table>

续表

研究类型	研究方法	研究内容概述	存在问题
理论研究	张量分析	建立了压降数学模型，聚合物微球的调驱机理为其在孔喉的附加阻力作用	没有结合聚合物微球在孔喉中的几何约束条件就分析液流转向机理
	弹性力学分析	孔喉尺度聚合物微球可封堵在近井储层的大尺寸孔隙中，在注入水的高压下，注入水发生转向，从而启动小尺寸孔隙中的剩余油	
	数值模拟	建立了三维两相三组分纳米－微米聚合物调驱数学模型，考虑了水化膨胀、渗流阻力变化、堵塞、相渗变化、渗透率下降等因素	数学模型仅能依据微球调驱前后储层物性参数和产量变化结果模拟调驱增产效果，并不能模拟调驱过程及微观机理

通过国内外文献调研及现场应用效果分析发现，关于聚合物微球的研究比较全面，聚合物微球的制备、理化性能研究、岩心及填砂模型等物理模型研究、可视化研究、数值模拟研究涵盖范围较广，通过学者们的广泛研究发现，聚合物微球具有其他类型调剖剂不具备的耐盐性、深部运移能力、膨胀性等优异性能，并在室内实验及现场试验中表现出突出的控水增油效果。但对于近年来兴起的纳米级小粒径聚合物微球的研究甚少，且大部分研究基于前人对于常规大粒径聚合物微球的研究方法，采用1/3架桥封堵理论，在岩心实验静态下进行聚合物微球与地层匹配性研究并不能解释现场现象，因而不适用纳米聚合物微球作用及动态运移机理研究。

第四节　聚合物微球特点及研究方法

一、聚合物微球特点

聚合物微球是采用乳液聚合方法合成的平均尺寸为几十纳米到近百微米的高分子微球。其特点是水化性能好，在水中可均匀分散，注入能力好，吸水膨胀后粒径可以扩大为原来的5～10倍。

聚合物微球粒径能够与油藏多孔介质的孔喉尺寸相匹配，可在岩石孔隙中运移、滞留、封堵、弹性变形、再运移、再封堵，达到深部液流转向的目的，以及扩大后续水驱的波及体积。同时，聚合物微球表面的活性亲油基团会吸附岩石壁面上的剩余油膜，从而提高驱油效率。如图1－3和图1－4所示，聚合物微球在水中养护一段时间后，会发生溶胀作用而使粒径变大。

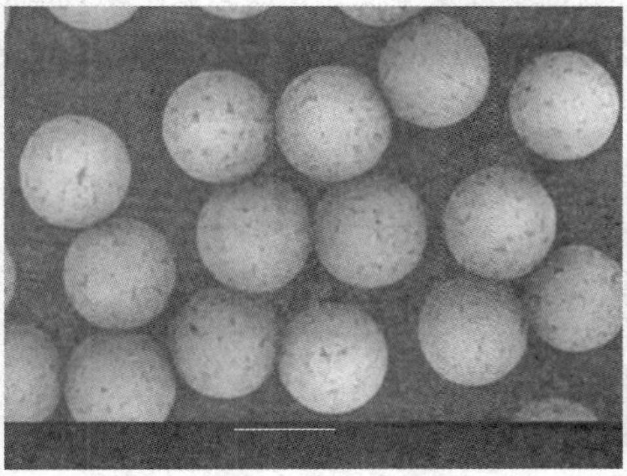

图 1－3 聚合物微球形貌(SEM)

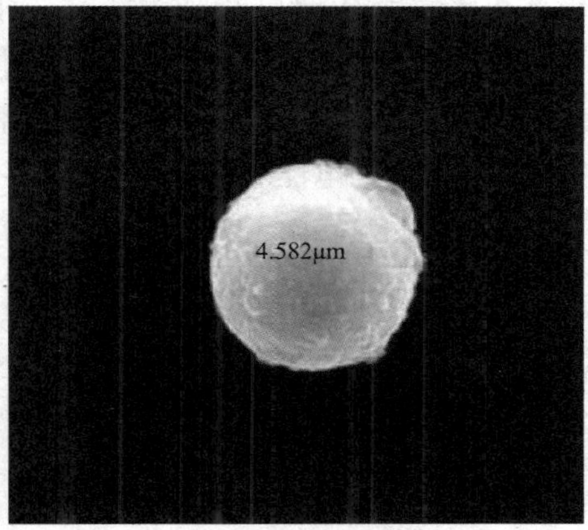

图 1－4 聚合物微球溶胀 5d 形貌
(SEM 放大 20000 倍)

在合成聚合物微球及现场应用过程中，聚合物微球表现出以下 5 个主要特征：

(1)聚合物微球合成条件可控，地面合成避免了地下交联体系因剪切、降解、稀释和交联剂与聚合物吸附不同步等因素造成的不成胶或成胶强度变差的弊端，解决了地下交联体系配注困难、无法实现段塞处理的问题。

(2)聚合物微球直径在微米级，与孔隙喉道相匹配。为弹性有形球体，在一定压差下发生弹性变形，而且数量庞大，可实现从水井到油井的可移动式全程调剖。

(3)封堵强度大，阻力系数和残余阻力系数大，具有调剖驱油双重作用。

(4)聚合物微球在较高温度下预先合成，耐温、耐矿化度能力强。

(5)聚合物微球粒径小、以水为携带介质，不需专门的注入设备，也不需对注水管线进行改造，适用于高含水油田、断块油田、海上油田提高采收率，还可用于水驱、聚合物驱和聚合物驱后提高波及体积和洗油效率。

二、聚合物微球调驱机理

通过文献调研发现，目前对于聚合物微球调驱机理的认识，主要有以下 3 个：

机理一：聚合物微球膨胀后架桥封堵水流优势通道，导致后续水驱液流转向，如图 1－5 所示。聚合物微球进入地层之后，在岩石颗粒孔隙处产生桥堵作用，封堵水流优势通道，使后续注入水发生液流转向，扩大了注入水的波及体积，从而提高油藏开发程度。

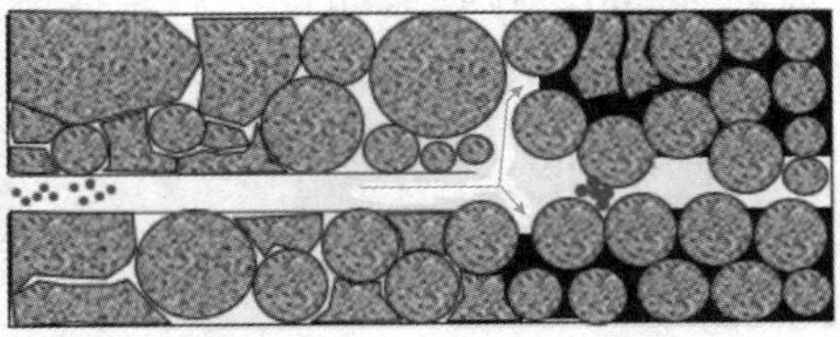

图 1－5 聚合物微球架桥封堵水流优势通道

机理二：聚合物微球膨胀后粒径大小和孔喉尺寸一致，直接封堵储层基质部分的水窜通道，如图 1－6 所示。微球进入地层之后，在运移过程中，不断吸水膨胀，粒径增大，当聚合物微球粒径增大到与孔喉直径一致时，可以直接在孔喉处产生封堵作用，封堵水流优势通道，使后续注入水发生液流转向，扩大了注入水的波及体积，从而提高油藏开发程度。

机理三：聚合物微球膨胀后，在运移过程中表面电性发生变化，彼此吸附结合成胶团，封堵水流优势通道，如图1－7所示。在运移过程中，部分微球表面电性发生改变，表面电性改变的微球与表面电性未改变的微球相互吸附，形成微球凝结团，封堵水流优势通道，使后续注入水发生液流转向，扩大了注入水的波及体积，从而提高油藏开发程度。

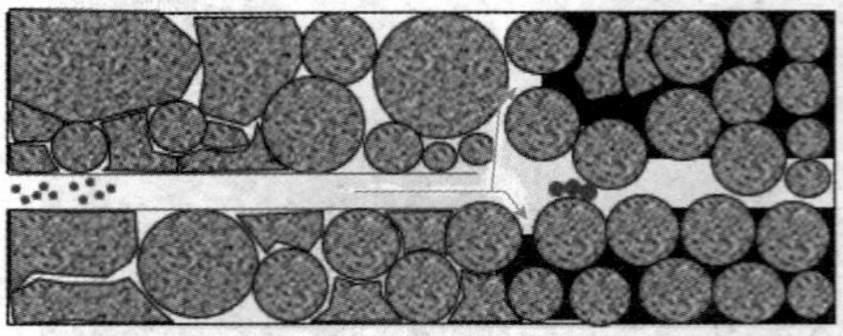

图1－6　聚合物微球封堵水窜通道

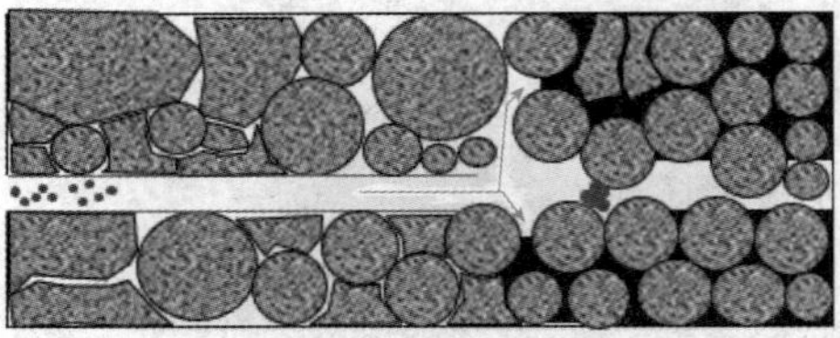

图1－7　聚合物微球吸附胶结成团封堵水流优势通道

三、聚合物微球理化性能评价方法

在聚合物微球制备完成之后，首先要对其理化性能进行综合评价，聚合物微球的理化性能主要包括微球粒径变化规律、微球微观结构变化特征和微球对酸碱性环境的适应性等。

评价聚合物微球粒径的变化规律，通常采用激光粒径仪进行测试(图1－8和图1－9为测试不同粒径范围的激光粒径仪)。微球粒径随着养护时间的延长逐渐增大，在不同的粒径范围内，采用不同的激光粒径仪进行测试，评价聚合物微球的变化规律。如 图1－10 所示，某典型聚合物微球随着养护时间的延长，其平均粒径从80～90nm增大到500～600nm。

图1－8　激光粒径仪(纳米级)

图1－9　激光粒径仪(微米级)

新配制的聚合物微球乳液的单一分散指数*PDI*值为1.000，粒径分布极不均匀，最大概率分布粒径为73.54nm；随着养护时间的延长，*PDI*值逐步减小，恒温养护30d时，聚合物微球乳液的*PDI*值为0.274，平均粒径超过了410.8nm，最大概率分布粒径为407.8nm。当聚合物微球乳液的平均粒径趋于稳定后，最大概率分布的粒径增至亚微米级，说明聚合物微球乳液中的微球具有较好的吸水膨胀能力。

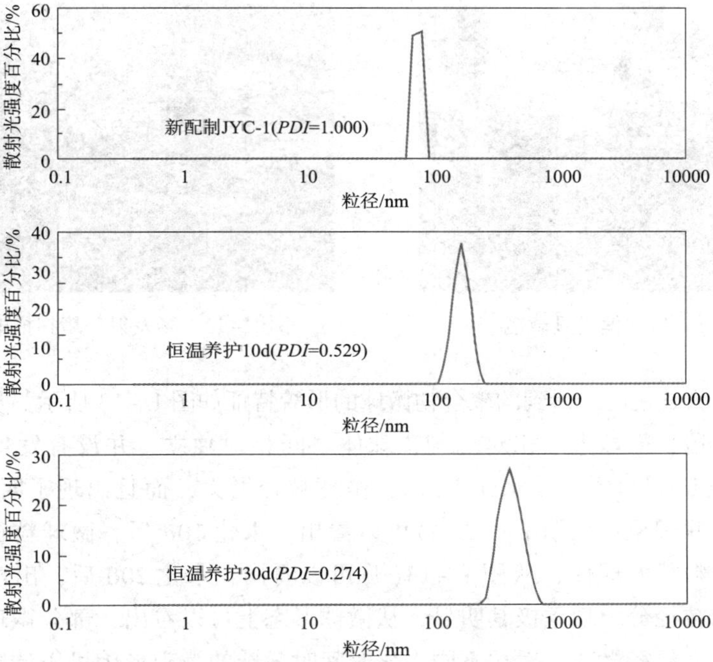

图 1－10 典型聚合物微球粒径变化规律

聚合物微球分子侧链上的酰胺基和水分子发生氢键结合是其吸水膨胀的重要原因。当聚合物微球与水接触时，水分子与聚合物微球相互作用形成溶剂化层，这部分结合水使聚合物微球粒径增大，此过程时间短、速度快，并会产生热量；同时，大分子链的相互缠绕形成了聚合物微球三维网络结构，水分子可渗入网络结构，这是聚合物微球吸水膨胀的另一个原因。溶剂化层形成之后，聚合物微球的高分子网络伸长扩展，亲水基团发生部分水解形成离子，这样高分子网络内部离子浓度高于外部离子浓度，形成渗透压差。在渗透压差的作用下，水分子向高分子网络内部渗透，进入高分子网络内部的自由水又与内部的亲水基团形成氢键，进一步促进了亲水基团的水解和渗透压差的增大，导致水分子不断进入聚合物微球网络且聚合物微球继续吸水膨胀。初期形成的渗透压差较大，吸水膨胀速率快；吸水到一定程度之后，渗透压差变得很小，吸水膨胀速率变慢，并最终达到平衡。因此，聚合物微球吸水膨胀机理包括氢键形成、水解和渗透压差引起的扩散。在高分子网络全部伸展开或高分子网络内外渗透压相等时，达到吸水平衡，聚合物微球停止膨胀。

评价聚合物微球的微观结构特征，通常采用偏光显微镜和场发射环境扫描电镜，评价装置如图 1－11 和图 1－12 所示。可以将微球乳液直接取样，在偏光显微镜下观测聚合物微球的微观形态。而采用场发射环境扫描电镜测试聚合物微球微观形态时，必须制备微球样品，方法是称取一定量的微球乳液，用无水乙醇破乳、沉淀、减压抽滤，在烘箱中 80℃下烘干 12h，得到聚合物微球的白色固体粉末，将粉末撒在模板的导电胶片上，用干净的玻璃片稍微压实，在试样表面采取喷金处理，然后放入试样室中抽真空，设定参数进行 SEM 测定，得到初始粒径分布。

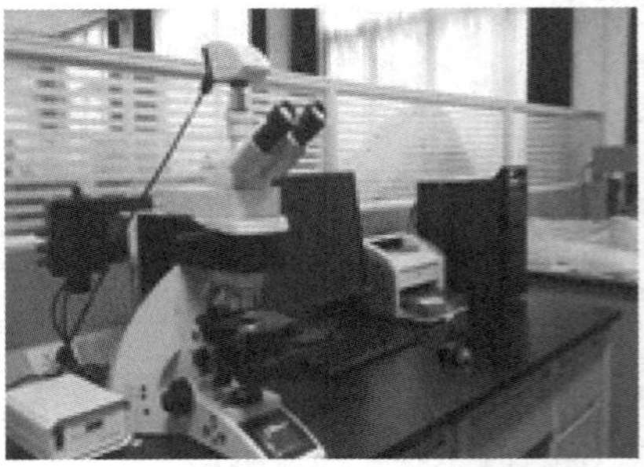

图 1－11　偏光显微镜

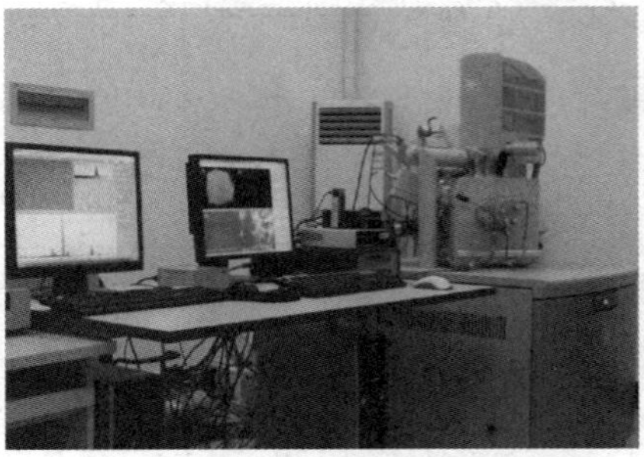

图 1－12　场发射环境扫描电镜

在扫描电镜测试之后，得到的聚合物微球的形貌特征如图 1－13 所示。从图 1－13(a)可以看出，初始阶段，微球大小相对均匀，球体之间相对独立，并没有发生明显的相互作用；从图 1－13(b)可以看出，水化 5d 后，微球粒径增大，而且出现了明显的大小差异，球体之间发生交联现象；从图 1－13(c)可以看出，水化 10d 后，微球粒径明显增大，部分微球团聚成大粒径的球体；从图 1－13(d)可以看出，水化 20d 后，出现了粒径明显增大的微球，微球粒径分级现象极其明显，从微球形态上可以看出，部分微球发生团聚作用凝结在一起形成大粒径微球。对比不同水化时间时微球的微观形貌可以清晰发现，微球粒径随着水化时间的延长而逐渐增大，且粒径出现明显分级现象，团聚作用是出现大粒径微球的主要原因。

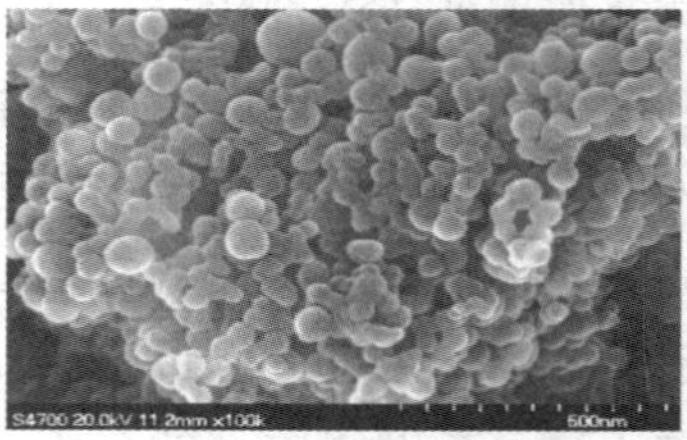

(a)初始时微球扫描电镜图

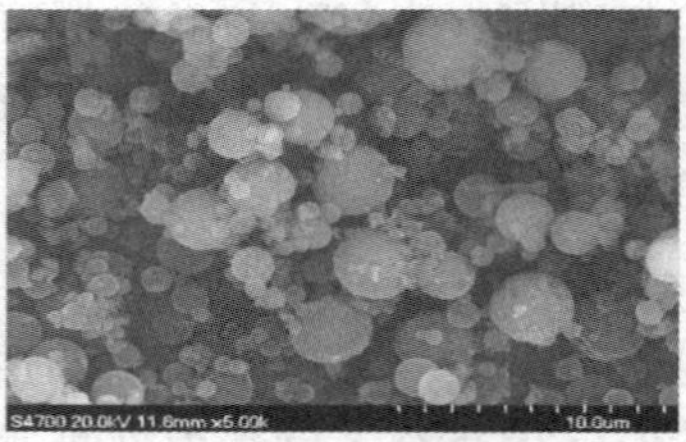

(b)水化5d后微球扫描电镜图

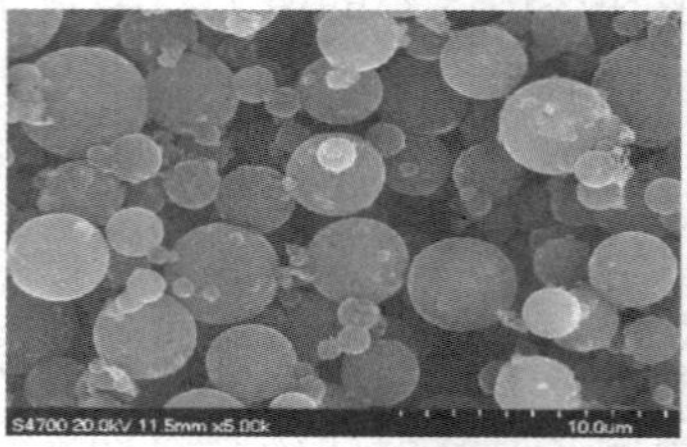

(c)水化10d后微球扫描电镜图

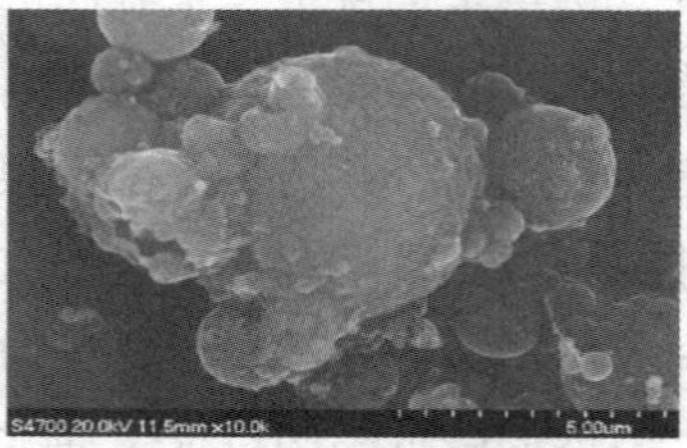

(d)水化20d后微球扫描电镜图

图 1－13　聚合物微球微观形貌

而对于微球耐酸碱性的评价通常是采用地层水或者模拟地层水，加入酸碱调节剂调整水样酸碱性，再用不同酸碱性的水样配制聚合物微球乳液，依据微球粒径的变化规律和微观结构的变化特征评价微球在不同酸碱性体系中的适应性。

四、聚合物微球数学模型研究新方向

经过大量的文献调研可知，关于聚合物微球数值模拟研究断代较为严重，鉴于当时受聚合物微球配制技术及数模技术的限制，聚合物微球粒径及数学模型存在滞后性，这为数学模型的建立提供了以下两个研究方向。

1. 微球通过模式(以往研究中微球渗流通过模式)

1)顺利通过(小球)

粒径/喉径≤1，即 $r_{粒径}/r_{喉径}\leq 1$，为纳米级流动。

2)变形通过(中小球)

当 $1<r_{粒径}/r_{喉径}\leq 2$ 时，纳米 - 微米微球半径为几纳米至几微米，渗流表现为变形弹性通过，存在阻力。

3)破碎通过(大球)

当 $2<r_{粒径}/r_{喉径}\leq 6$ 时，纳米 - 微米微球半径为几百纳米至几十微米，微球破碎后重新分布，并通过多孔介质，存在渗流阻力。

4)形成堵塞(特大球)

当 $r_{粒径}/r_{喉径}>6$ 时，类似于聚合物凝胶特性，通过多孔介质时形成憋压，存在较大渗流阻力，对渗透率高的储层引起的渗透率下降幅度较大。

该微球通过模式只简单地根据微球粒径与孔喉直径的关系判断微球是否通过或封堵，没有考虑微球受压后发生弹性变形而进行的深度调剖。

2. 微球水化膨胀模型(以往研究中聚合物微球水化膨胀模型)

微米级微球初始粒径分布为正态分布，初始半径 r_0 分布范围为0.01～0.20μm，水化后半径 r 分布范围为1～20μm，且水化后颗粒粒径分布仍为正态分布。水化后颗粒半径变化模型如式(1－4)所示：

$$r=r_0\frac{a_{sh}t_w}{b_{sh}+c_{sh}t_w} \tag{1-4}$$

式中 t_w——水化时间；

a_{sh}、b_{sh}和 c_{sh}——系数。

该模型针对性较弱，应通过定时测试微球粒径变化，并进行函数拟合得到特定微球的膨胀模型经验公式。

第五节 应用讨论

文献调研工作是以国内外学者对聚合物微球的研究成果为基础展开的，主要从聚合物微球的制备、理化特征分析、作用机理分析、数值模拟研究等多个方面进行了调研和对比分析。分析认为，聚合物微球小且粒径可控，能够进入低渗透油藏深部，确保了微球的注入能力，达到“注得进”的目的，为低渗透油藏提高采收率提供了一种方法和技术思路；聚合物微球是采用反相乳液聚合得到的聚合物小球，能够吸水膨胀，膨胀后粒径可增大至初始粒径的 2～5 倍，当微球进入低渗透油藏深部后，在运移过程中吸水膨胀，膨胀之后能够有效封堵低渗透油藏的水流优势通道，达到“堵得住”的目的；微球粒径小，同时具有黏弹性，分流率实验结果表明，聚合物微球能够大量进入非均质油藏的高渗透层带，在非均质低渗透油藏中达到“堵得准”的目的；聚合物微球粒径可控，能够进入油藏深部，而且具有良好的黏弹性，在进入油藏深部之后，发生吸水膨胀，发挥封堵作用，但是封堵作用是在油藏深部实现的，封堵之后，后续水驱压力没有剧烈变化，说明聚合物微球能够达到“驱得动”的目的；聚合物微球的单井用量一般为 10t 左右，每吨聚合物微球的成本为 1.2 万元左右，单井施工总成本能够控制在 15 万元以内，依据国际油价和增油效果进行核算，结果表明，能够达到“用得起”的目的。但是，在聚合物微球使用过程中，对于聚合物微球调驱机理的研究主要建立在封堵理论的基础上，而封堵理论是典型的近井地带封堵效果解释理论，不能很好地解释深部调驱效果的作用机理，因此非常有必要开展聚合物微球深部调驱的机理实验和理论研究。

聚合物微球较其他调剖剂有独特的优势：

(1)聚合物微球具有较好的圆球度，且粒径分布服从概率密度函数，可以与目标地层进行匹配，提高调剖可控性及效率。此外，其粒径范围为 0.05～10μm，具有广泛适应性，可应用于各孔喉尺寸的储层。

(2)聚合物微球于地面合成后注入且具有抗剪切性，相比于常规延时调剖剂不交联或交联强度差(因为在注入及渗流过程中存在交联组分的剪切、降解、稀释等因素)，聚合物微球避免了该弊端，具有可控的调驱性质。解决了交联剂功能缺失、注入性能不稳定的缺点。

(3)聚合物微球可通过乳液聚合、悬浮聚合、分散聚合等方法获得，原料易得，在使用过程中不需要多余的设备，操作简单且成本低。

(4)聚合物微球具有良好的耐温、耐盐性能，可用于高温、高盐油田的深部调驱。

(5)聚合物微球具有良好的膨胀性，进入储层后会随着时间的延长逐渐吸水膨胀 5～10 倍，可在运移至目标位置后实现膨胀封堵。并且，其具有良好的弹性，可以通过弹性变形运移至油藏深部。

综上所述，聚合物微球在低渗透油藏中应用效果很好，但是目前常用的封堵理论很难给出现场应用效果良好的原因，因而必须开展低渗透油藏聚合物微球调驱数学模型建立与应用效果分析的科研项目研究，从实验角度、数学模型角度、应用效果与理论模型验证角度深入研究，确定聚合物微球在低渗透油藏中提高采收率的作用机理。

常规尺寸聚合物微球深部调驱技术已经用于国内各大油田。目前，华北、大庆、胜利、冀东、辽河、中原、河南、江苏、渤海等油田都已应用了常规尺寸聚合物微球深部调驱技术，长庆、延长等油田则对纳米聚合物微球开展了现场试验。如表 1－2 所示，聚合物微球在全国范围内大规模使用。

表 1－2　聚合物微球研发及使用

时　间	研发及使用方	使用情况
1997 年	Mob Tech 协会与 Nalco Exxon 公司	开发名为"Bright Water"的聚合物微球调剖产品
2006 年	阿根廷 Koiuel Kaike 油田与 Piedra Clavada 油田	开始大范围应用
2007 年	华北油田	开始现场试验
2010 年	新疆地区	开始大规模应用，累计 83 井次
2016 年	华北油田	累计实施 100 井次
2017 年	长庆油田	开始小规模应用
2018 年	长庆油田	累计实施 5000 井次
2019 年	延长油田	纳米聚合物微球控制 CO_2 窜逸通道研究、油藏非均质性调驱先导试验

对于聚合物微球在其他方面的应用，延长油田进行了纳米聚合物微球控制 CO_2 窜逸通道研究。聚合物微球较其他凝胶类的封堵剂有独特的特点及优势，如图 1－14 所示，常规封堵技术在孔隙、裂缝中前段封堵，虽然封堵效果好，却影响了 CO_2 封存量，而 CO_2 封存量是衡量 CO_2 封存质量的重要指标，聚合物微球可以实现深部运移，因此要充分利用纳米聚合物微球深部运移的特性，最大限度增大 CO_2 封存量。

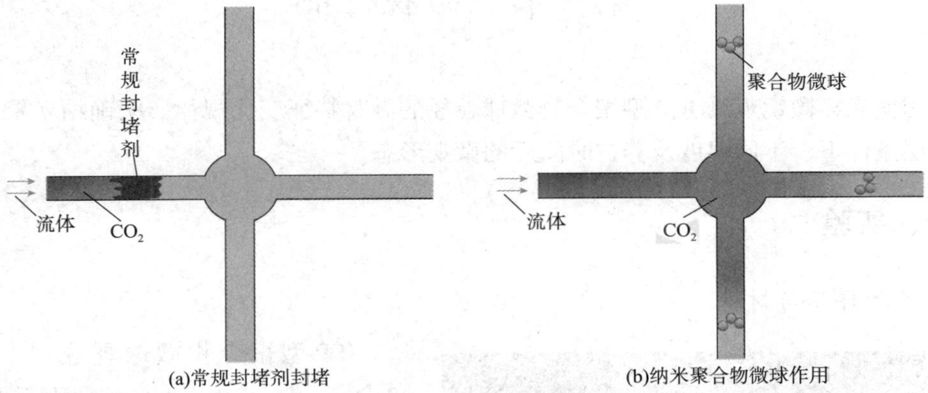

图 1－14　纳米聚合物微球与常规封堵剂控制 CO_2 窜逸通道对比

综上所述，纳米聚合物微球在调剖堵水、驱油、CO_2 窜逸通道控制方面具有良好的应用前景，但纳米聚合物微球与常规微米聚合物微球在性质及作用机理上又存在很大的差异，所以对纳米聚合物微球的研究具有重要意义。

第二章　聚合物微球理化特征

纳米聚合物微球是采用反相微乳液聚合方法制成的，具有吸水膨胀、耐温性好、耐矿化度高、耐酸碱能力强、受力可变形而不被破坏等特点。基于这些特征，纳米聚合物微球在被注入地层后，大粒径的微球可以有效封堵细小孔喉，小粒径的微球能够进入储层深部，吸水膨胀后，附着、滞留在岩石壁面上，增大了水流优势通道的渗流阻力，实现后续水驱的液流转向，扩大了波及体积，达到深部调驱提高油藏采收率的目的。为了明确聚合物微球的封堵机理，首先对其理化性能进行测试分析。对于聚合物微球调驱剂的理化特性研究，主要从微球的微观特征、吸水膨胀特征、流变特征、粒径分布及团聚特征 4 个方面进行。

第一节　微观特征

采用偏光显微镜观测 JCP 型聚合物微球粒径的微观特征变化规律。明确纳米聚合物微球在地层条件下、不同温度及养护时间后的微观形态。

一、实验

1. 实验样品与材料

图 2－1　JCP 型聚合物微球乳液

JCP 型聚合物微球乳液（图 2－1，AMPS、AM、BIS、APS，采用反相微乳液聚合方法制备，按照粒径由小到大分为 100nm、300nm、800nm、5000nm 4 个级别）；模拟地层水（油田现场取样水质分析结果如表 2－1 所示，水质为 $CaCl_2$ 型，矿化度为 89766mg/L）；模拟原油（60℃恒温、剪切速率为 7.221s^{-1}时，黏度为 11.54mPa · s）。

表 2－1 模拟地层水矿物离子含量

矿物离子	含量/(mg/L)
Ca^{2+}	20710
$K^{+}+Na^{+}$	12220
Ba^{2+}	648
Cl^{-}	56105
HCO^{3-}	83

2. 实验仪器与设备

ZEISS 型偏光显微镜(图 2－2)、恒温箱、搅拌器，以及烧杯、量筒等玻璃器皿。

3. 实验方法与步骤

(1)以模拟地层水为分散介质，配制粒径为 5000nm、浓度为 2000mg/L 的 JCP 型聚合物微球乳液(图 2－3)。

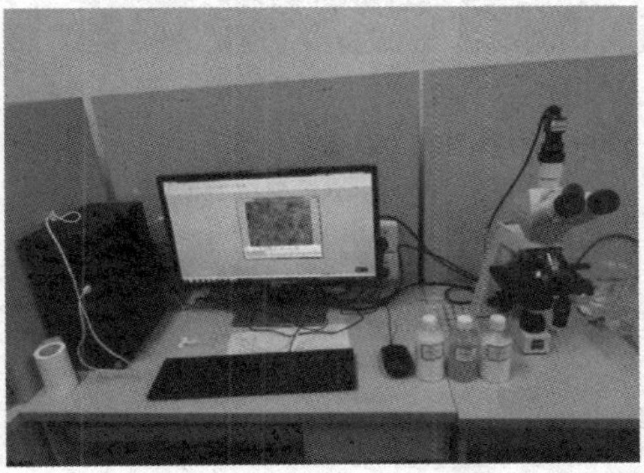

图 2－2 ZEISS 型偏光显微镜

图 2－3 新配制的 JCP 型聚合物微球乳液

(2)使用搅拌器搅拌均匀后，取少量乳液，使用偏光显微镜观察放大 100 倍后原始状态、最大状态、最佳状态 3 种状态下的微球乳液的微观形貌及其变化规律。

(3)常温条件(25℃)下养护 13d 后，重复步骤(2)。

(4)模拟地层条件(60℃)下养护 3d 后，重复步骤(2)。

二、实验结果及分析

从图 2－4 可以看出，聚合物微球呈圆球状，但同一规格聚合物微球乳液中并不只有一种粒径的聚合物微球，微球粒径基本呈正态分布。养护 13d 后，微球的形貌特征如图 2－5 所示，对比图 2－4 可以发现，聚合物微球在养护一定时间后发生膨胀，粒径尺寸明显增大，初始大粒径的微球表面出现水化膜。恒温(60℃)养护 3d 后微球的形貌特征如图 2－6 所示，对比图 2－4 可以看出，聚合物微球的粒径明显增大，而且分布更加分散，分析认为微球膨胀倍数与温度成正比。

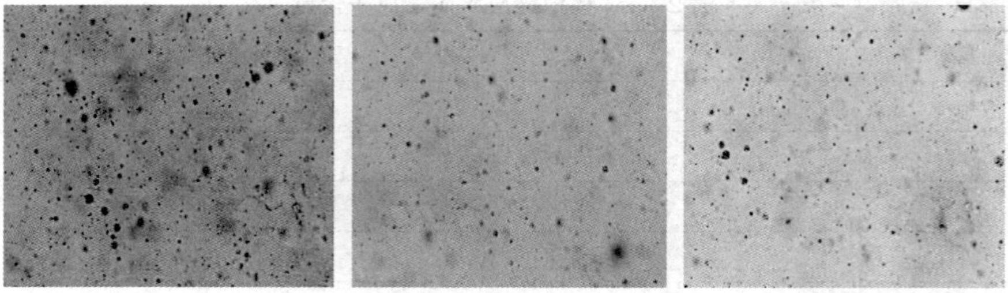

(a)初始状态　(b)最大状态　(c)最佳状态

图 2－4　初始 JCP5000 聚合物放大 100 倍

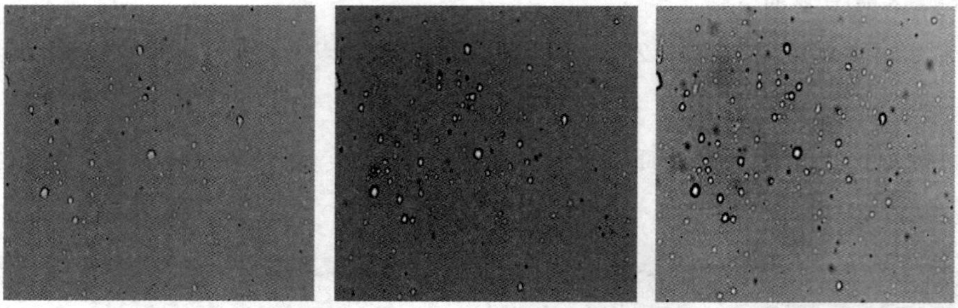

(a)初始状态　(b)最大状态　(c)最佳状态

图 2－5　养护 13d 后 JCP5000 聚合物放大 100 倍

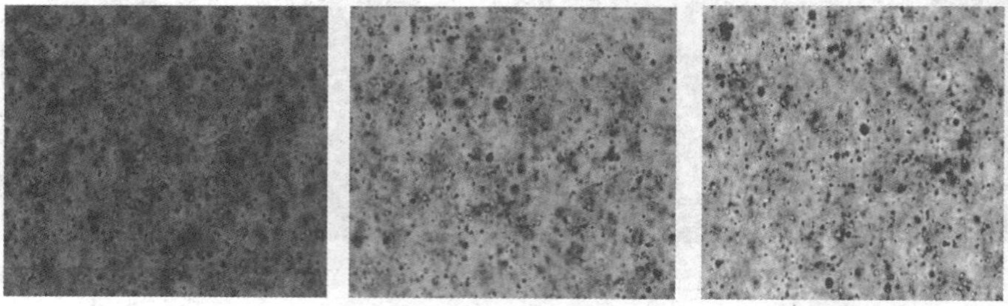

(a)初始状态　(b)最大状态　(c)最佳状态

图 2－6　恒温(60℃)养护 3d 后 JCP5000 聚合物放大 100 倍

由偏光显微镜照片观测结果可以发现，温度对聚合物微球的膨胀速度影响较大。在实验条件范围内，温度越高，膨胀速度越快；而在常温下，随着养护时间的延长，聚合物微球粒径逐渐增大，但是膨胀速度比较慢。由此说明温度是影响聚合物微球粒径膨胀速度的显著因素。

第二节　吸水膨胀特征

对纳米聚合物微球在油藏内部的运移机理及分流机制进行研究，首先要明确纳米聚合物微球的粒径分布、在地层条件下的膨胀特征等基本性质，探究纳米聚合物微球团聚等特征，为物理模拟实验、作用机理及数学模型研究奠定基础。

一、实验

1. 实验样品与材料

JCP型聚合物微球乳液（AMPS、AM、BIS、APS，采用反相微乳液聚合方法制备，按照粒径由小到大分为100nm、300nm、800nm、5000nm 4个级别）；模拟地层水（油田现场取样水质分析结果如表2-1所示，水质为$CaCl_2$型，矿化度为89766mg/L）；模拟原油（60℃恒温、剪切速率为7.221s^{-1}时，黏度为11.54mPa·s）；乙醇。

2. 实验仪器与设备

Rise-2006型激光纳米粒度分析仪（图2-7）；搅拌器；ZEISS型偏光显微镜（图2-2）；配制不同浓度聚合物微球乳液所需的玻璃器皿。

3. 实验方法与步骤

聚合物微球粒径定量测试方法主要包括以下5个步骤：

(1)取少量聚合物微球样品均匀分布在模拟地层水中，并使用搅拌器搅拌均匀（图2-8）。

(2)待聚合物微球乳液稳定之后，用微量注射器取少量分散好的聚合物微球溶液，注入比色皿中，并将比色皿外沿擦拭干净。

(3)将比色皿放入样品室，按照激光纳米粒度分析仪的操作要求设定参数，然后按照要求测定样品的粒径。

(4)将模拟原油、乙醇作为分散介质重复步骤(3)，确保测量结果的准确性。

(5)将样品放置在烘箱中，设定烘箱温度为模拟地层温度60℃，养护不同时间后按照步骤(2)~步骤(4)继续测量，最终完成测量结果的对比分析。

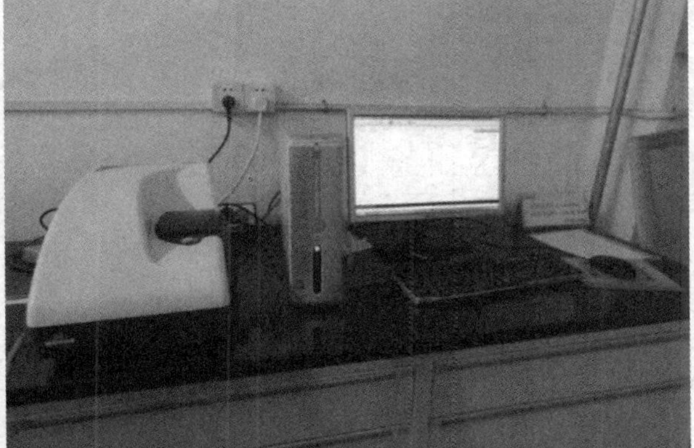

图2-7　Rise-2006型激光纳米粒度分析仪

图2-8　配制JCP型聚合物微球乳液

二、微球膨胀规律

研究中采用 Rise－2006 型激光纳米粒度分析仪进行测试，得到如下结果：

使用 Rise－2006 型激光纳米粒度分析仪，在不同时间测量不同样品的聚合物微球粒径，所得结果如图 2－9～图 2－11 所示。由图 2－9 可以看出，JCP100 聚合物微球三次粒径测量结果的平均值为 709.68nm 左右，说明吸水膨胀之后，100nm 聚合物微球的平均粒径已经扩大至原来的 7 倍左右。而从图 2－10 可以看出，JCP300 聚合物微球三次粒径测量结果的平均值为 990.47nm 左右，聚合物微球吸水膨胀后平均粒径扩大至原来的 3 倍左右。从图 2－11 可以看出，JCP800 聚合物微球三次粒径测量结果的平均值为 1890.59nm，聚合物微球吸水膨胀后粒径扩大至原来的 2 倍左右。综合对比可以看出：每一种微球三次测量结果的重复性都很好，说明三种微球在水中均匀分散且相对稳定；初始粒径小的聚合物微球吸水膨胀的能力较强，膨胀后平均粒径可以达到初始粒径的 7 倍左右，而初始粒径大的

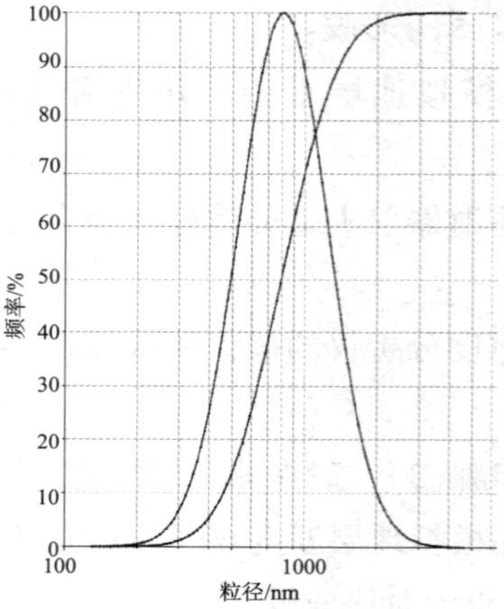

(a)第一次测量

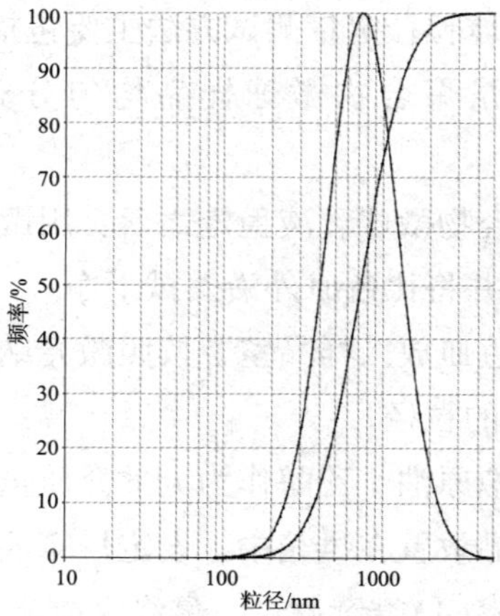

(b)第二次测量

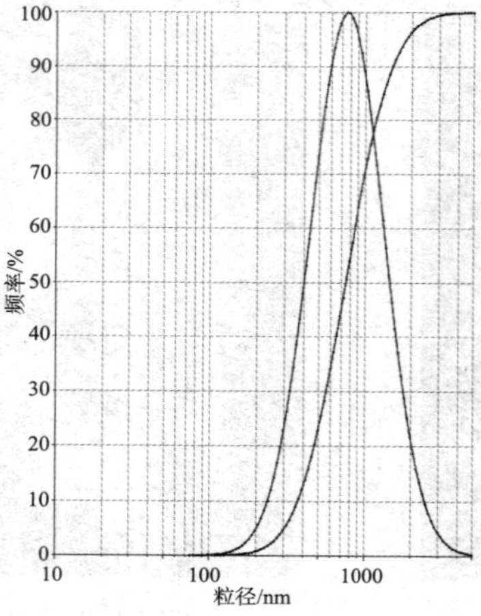

(c)第三次测量

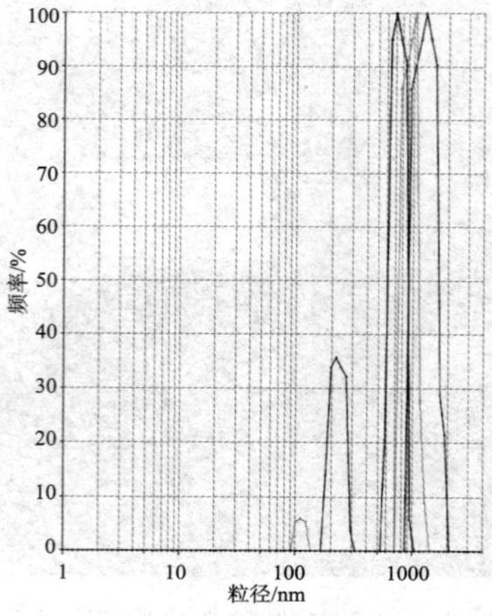

(d)三次叠加

图 2－9　JCP100 聚合物微球粒径测量

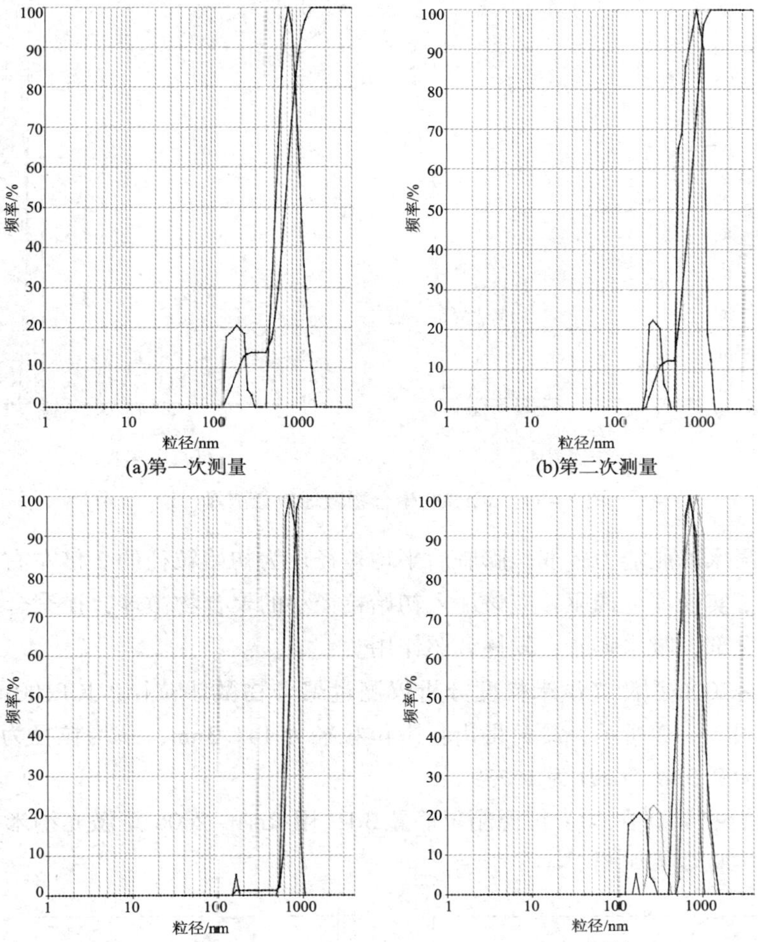

(a)第一次测量　(b)第二次测量

(c)第三次测量　(d)三次叠加

图 2－10　JCP300 聚合物微球粒径测量

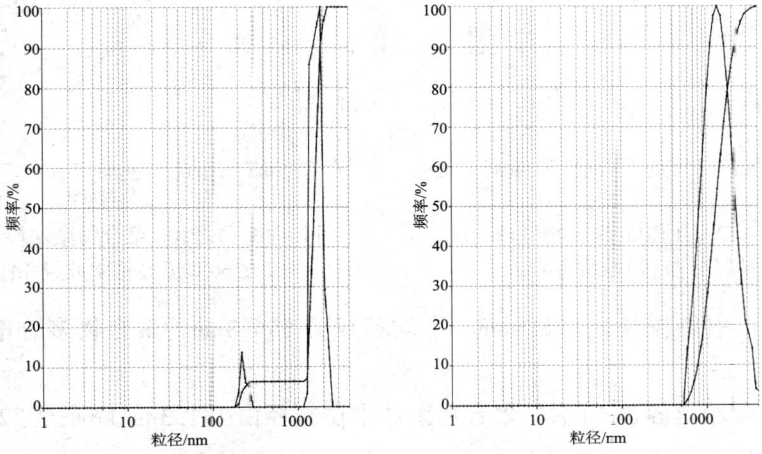

(a)第一次测量　(b)第二次测量

图 2－11　JCP800 聚合物微球粒径测量

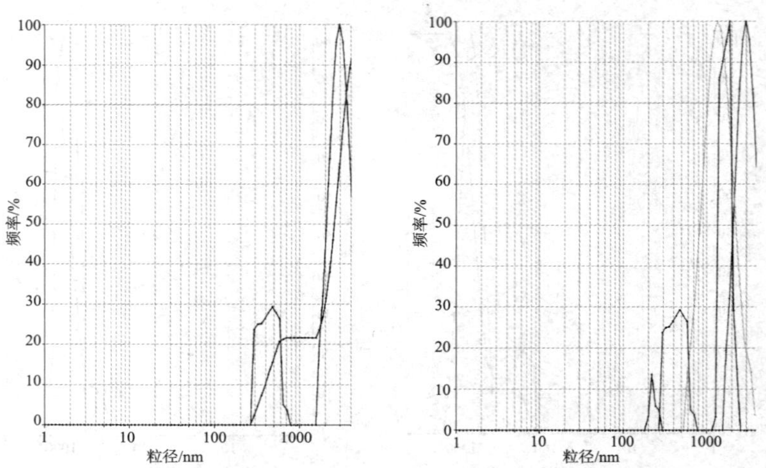

(c)第三次测量　　(d)三次叠加

图 2－11　JCP800 聚合物微球粒径测量(续)

聚合物微球，吸水膨胀能力较弱，膨胀后平均粒径仅为初始粒径的 2 倍左右，说明在低渗透油藏中，为了实现深部调驱，应该注入初始粒径小的聚合物微球，让聚合物微球能够充分运移至油藏深部，吸水膨胀，发挥调驱作用。

通过 Rise－2006 型激光纳米粒度分析仪测量聚合物微球粒径，JCP100 聚合物微球粒径初始状态如图 2－12 所示，测量得出：中位粒径为 141. 3nm，平均粒径为 163. 4nm，聚合物多分散度为 0. 358，*GSD* 为 1. 739。

JCP100 聚合物微球在 60℃恒温箱里静置 3d，用 Rise－2006 型激光纳米粒度分析仪再次测量获得的实验结果如图 2－13 所示。

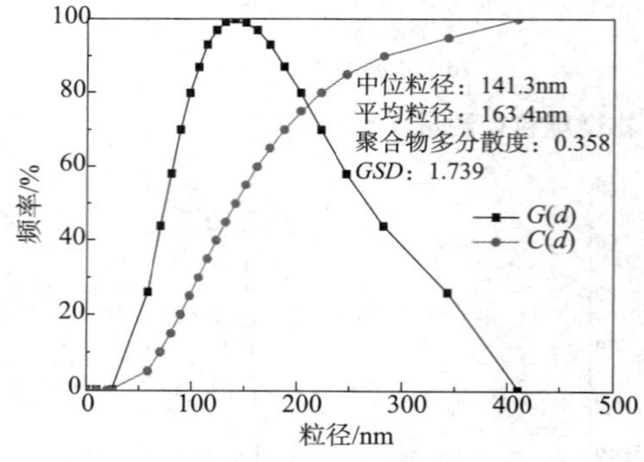

图 2－12　JCP100 聚合物微球粒径分布(初始状态)

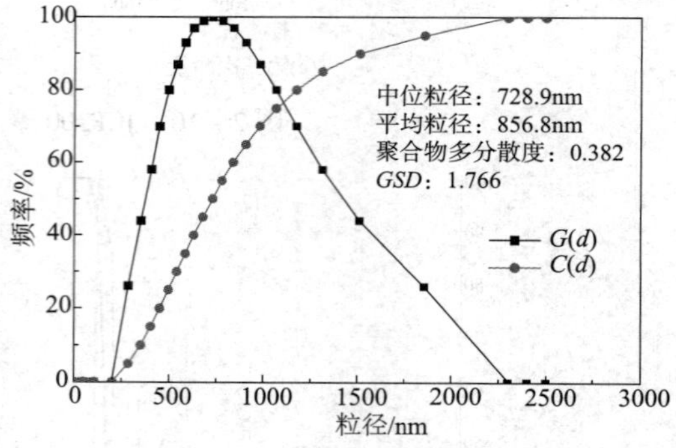

图 2－13　JCP100 聚合物微球粒径分布(在 60℃恒温箱中放置 3d)

测量得出：中位粒径为 728. 9nm，平均粒径为 856. 8nm，聚合物多分散度为 0. 382，*GSD* 为 1. 766。

在 60℃恒温箱里静置 3d 后，聚合物微球中位粒径由 141. 3nm 膨胀至 728. 9nm。粒径膨胀倍数为 5. 16。

采用苏州纽迈分析仪器股份有限公司生产的低场核磁共振仪器(型号：Meso MR23 -60H - I)，对岩样进行分析，结果如表 2 - 2 所示。

表 2 -2　样品物性及尺寸参数

气相渗透率/ $10^{-3}\mu m^2$	长度/ cm	直径/ cm	体积/ cm^3	干重/g	酒精湿重/g	酒精测孔隙度/%	地层水饱和湿重/g	水测孔隙度/%	离心重/g	离心孔隙度/%	核磁渗透率/ $10^{-3}\mu m^2$
10. 29	4. 1	2. 544	20. 85	47. 573	48. 415	5. 11	48. 698	5. 04	48. 507	4. 49	0. 001

常见的单峰分布函数有正态分布和威布尔分布等，通过对聚合物微球粒径分布及其累计分布进行拟合，聚合物微球粒径分布与这两种分布相似。再与核磁共振储层岩石孔喉分布(图 2 - 14)进行对比，孔喉尺度弹性微球粒径分布(图 2 - 15)与储层岩石孔喉分布具有相同的特征，这是进行微球直径与储层匹配的基础，也是微球调驱取得良好效果的前提。

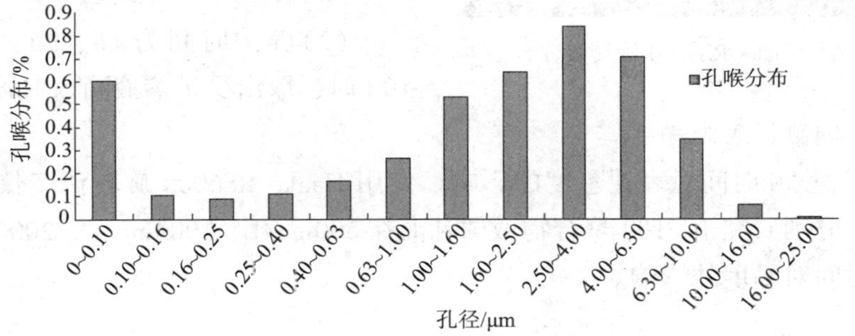

图 2 - 14　核磁共振测孔喉分布

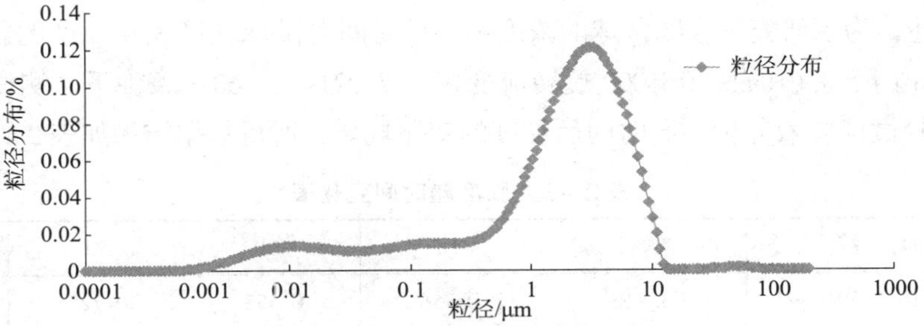

图 2 - 15　核磁共振测粒径分布

第三节　聚合物微球乳液流变特征

一、实验

1. 实验样品与材料

JCP 型聚合物微球乳液(AMPS、AM、BIS、APS，采用反相微乳液聚合方法制备，按照粒径由小到大分为 100nm、300nm、800nm、5000nm 4 个级别）；模拟地层水（油田现场取样水质分析结果如表 2 - 1 所示，水质为 $CaCl_2$ 型，矿化度为 89766mg/L）；模拟原油（60℃恒温、剪切速率为 7.221s^{-1}时，黏度为 11.54mPa·s）；乙醇。

图 2 - 16　Haake RS6000 旋转流变仪

2. 实验仪器与设备

Thermo 公司生产的 Haake RS6000 旋转流变仪（图 2 - 16）、数据采集系统、搅拌器、恒温箱。

3. 实验方法与步骤

（1）以地层水为分散介质配制浓度为 500mg/L、1000mg/L、2000mg/L 的聚合物微球溶液。

（2）在 60℃模拟地层条件下养护。

（3）养护时间为 1d、3d、5d、7d、9d、10d 时，取出少量溶液滴入 Haake RS6000 旋转流变仪容器内测量表观黏度。

（4）确定浓度和时间对表观黏度的影响。使用 Haake RS6000 旋转流变仪在 7.221s^{-1}、60℃条件下，分别研究 JCP100 聚合物微球乳液在 500mg/L、1000mg/L、2000mg/L 浓度下和不同养护时间对黏度的影响。

二、微球乳液黏度测试结果

如前所述，为了研究聚合物微球的浓度和养护时间对微球乳液表观黏度的影响规律，使用 Thermo 公司生产的 Haake RS6000 旋转流变仪在 7.221s^{-1}、60℃条件下，测试不同浓度的 JCP100 聚合物微球乳液养护不同时间后黏度的变化规律，所得数据结果如表 2 - 3 所示。

表 2 - 3　黏度随时间变化表　　mPa·s

聚合物微球乳液	0d（初始状态）	1d	3d	5d	7d
1 号液体：JCP100、500mg/L	3.446	0.756	0.552	0.725	2.137
2 号液体：JCP100、1000mg/L	2.258	0.808	1.484	1.2215	1.254
3 号液体：JCP100、2000mg/L	2.424	1.030	1.458	1.376	1.492

由表 2 - 3 可知，初始状态的粒径是聚合物微球没有在恒温箱里放置（常温 25℃）的情况下测得的。500mg/L 聚合物微球乳液初始状态表观黏度随剪切速率的变化如图 2 - 17 所示，剪切速率越高，黏度越低。该聚合物微球乳液为非牛顿流体，初始状态的黏度最大，因为是在常温条件下测试的。第 1d 至第 7d 的黏度变化如图 2 - 18 所示，随着在恒温箱里养护时间的延长，聚合物微球开始发生膨胀，微球之间相互团聚，乳液黏度变大。

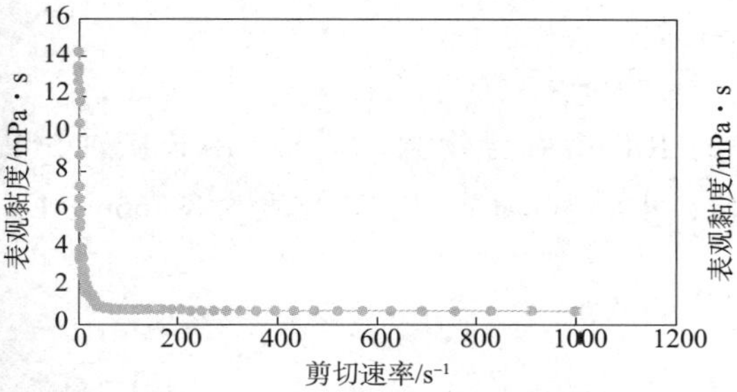

图 2－17 500mg/L 聚合物微球乳液初始状态表观黏度随剪切速率的变化

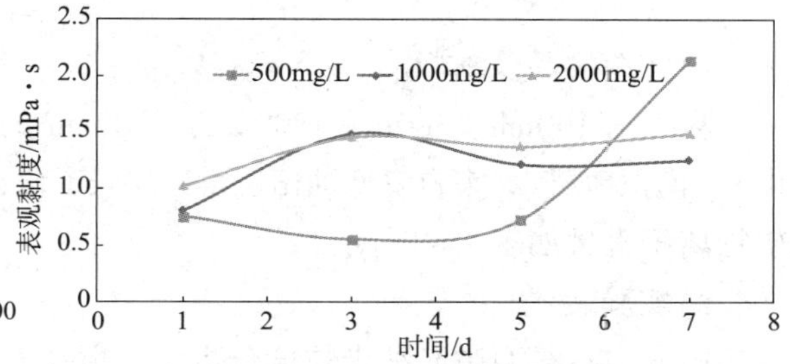

图 2－18 浓度、时间对表观黏度的影响

又由表 2－3 可知，500mg/L、JCP100 聚合物微球乳液初始状态黏度为 3.446mPa · s，放在 60℃恒温箱里加热，1d 之后的黏度为 0.756mPa · s，说明温度升高，黏度逐渐变小。在恒温箱里放 3d、5d、7d 之后的黏度变化不大，稍微有一些升高。意味着随着聚合物微球在地层中时间的延长，黏度稍微变大。

结合表 2－3 和图 2－18 可以看出，随着 JCP100 聚合物微球乳液浓度的增加，聚合物微球乳液的表观黏度也在逐渐升高，但是升高幅度并不大，说明浓度对 JCP100 聚合物微球乳液的表观黏度影响不大；将 500mg/L 的 JCP100 聚合物微球乳液放在 60℃恒温箱里恒温养护，微球乳液表观黏度先减小然后逐渐增加。随着养护时间的延长，聚合物微球乳液的表观黏度逐渐增大，说明聚合物微球发生膨胀，导致体系黏度增加，这在一定程度上反映了聚合物微球的膨胀速度。黏度的变化特征，表明聚合物微球由匀速膨胀至趋于平稳不再发生膨胀。总体上看，不同浓度的 JCP100 聚合物微球乳液的黏度相对很低，说明这种聚合物微球乳液具有良好的注入性。

第四节 粒径分布及团聚特征

研究纳米聚合物微球的运移机理，首先要明确纳米聚合物微球的粒径分布、膨胀性能等基本性质，探究纳米聚合物微球团聚等特性，为物理模拟实验、作用机理及数学模型研究奠定基础。

一、粒径分布特征实验

1. 实验目的

研究不同粒径聚合物微球的粒径分布特征，为纳米聚合物微球与地层孔喉匹配奠定基础。

2. 实验准备

1)实验样品及材料

粒径为100nm、300nm、800nm、5000nm的JCP型聚合物微球乳液(由长庆油田提供);模拟地层水(来自安塞油田王窑区块长6段,水质为$CaCl_2$型,矿化度为89766mg/L),矿物离子含量如表2-1所示。

2)实验装置

Rise-2006型激光纳米粒度分析仪;搅拌器。

3. 实验方法及步骤

使用Rise-2006型激光纳米粒度分析仪对不同粒径、不同老化程度的纳米聚合物微球进行粒径测量。

(1)取少量聚合物微球样品均匀分散在模拟地层水中,使用搅拌器搅拌均匀。

(2)待聚合物微球乳液稳定之后,用微量注射器取少量分散好的聚合物微球溶液,注入比色皿中,并将比色皿外沿擦拭干净。

(3)将比色皿放入样品室中,按照激光纳米粒度分析仪的操作要求设定参数,然后按照相应步骤测定样品的粒径。

(4)将模拟原油、乙醇作为分散介质重复步骤(3),确保测量结果的准确性。

4. 实验结果及分析

图2-19(a)显示聚合物微球粒径分布呈单峰形态,表明粒径相对均匀。粒径主要分布在17.183μm(d_{10})至104.748μm(d_{90})范围内,中值粒径(d_{50})为47.939μm。图2-19(b)和图2-19(c)显示聚合物微球粒径分布呈不明显的双峰形态,表明粒径不是非常均匀。图2-19(b)中粒径主要分布在62.121μm(d_{10})至365.511μm(d_{90})范围内,中值粒径(d_{50})为208.857μm。图2-19(c)中粒径主要分布在181.852μm(d_{10})至974.696μm(d_{90})范围内,中值粒径(d_{50})为611.402μm。图2-19(d)显示粒径分布呈明显的双峰形态,表明其粒径的均匀性比图2-19(b)和图2-19(c)中差,粒径主要分布在859.160μm(d_{10})至6687.423μm(d_{90})范围内,中值粒径(d_{50})为2631.32μm。

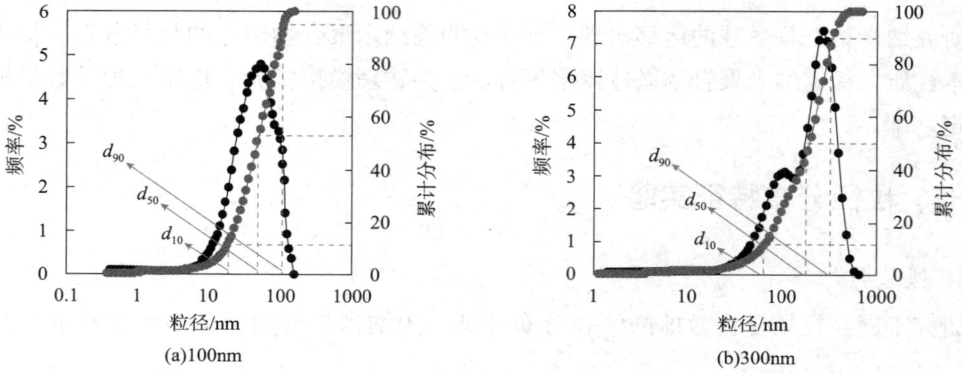

图2-19 聚合物微球粒径分布

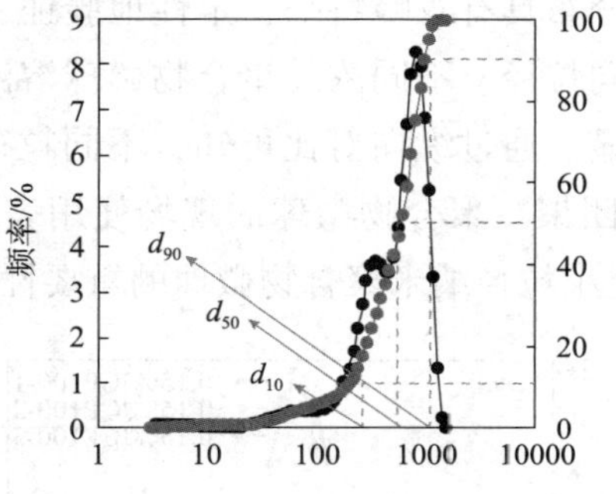

(c)800nm

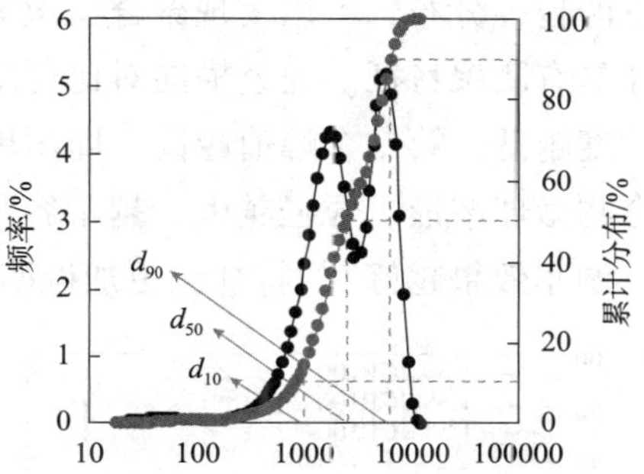

(d)5000nm

图 2－19　聚合物微球粒径分布(续)

5. 纳米聚合物微球粒径分布概率密度函数

前人研究后认为，常规尺寸聚合物微球粒径分布服从韦伯分布，常规尺寸聚合物微球粒径累计分布函数如式(2－1)所示。

$$F(d)=1-\exp[-(d-22.649)^{1.98}/1843.669] \quad (2-1)$$

但是，式(2－1)不适用于纳米聚合物微球，如图 2－20 所示，与极值函数拟合性好，相关系数达到 0.98538，拟合结果如式(2－2)、式(2－3)所示。

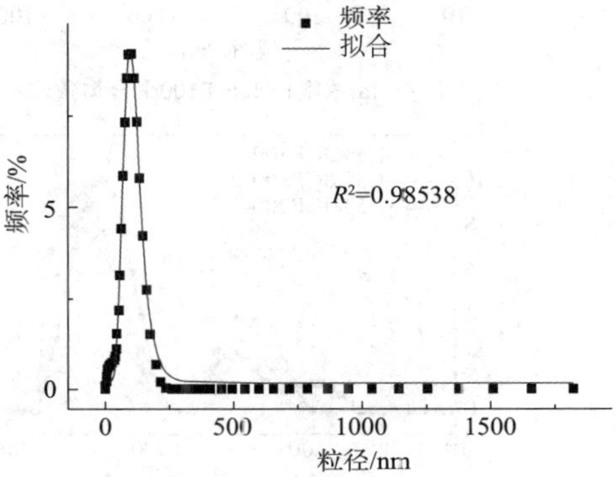

图 2－20　函数拟合

$$F=0.18786+9.06667\times\exp[-\exp(-z)-z+1] \quad (2-2)$$

$$z=\frac{d-95.37877}{35.55121} \quad (2-3)$$

二、纳米聚合物微球团聚特征

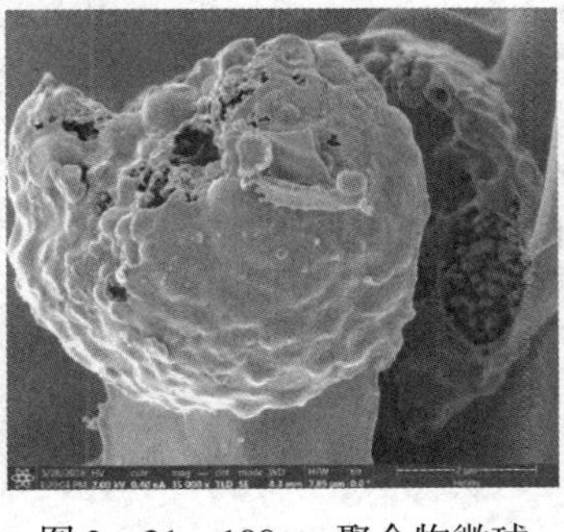
图 2－21　100nm 聚合物微球团聚显微镜观察图像

注：此图源自清华大学工程力学系合作项目，仅作为论题的佐证。

纳米聚合物微球因为其独特的理化性能及分子动力学特征，较常规微米聚合物微球具有更明显的团聚性质。如图 2－21 所示，十几个 100nm 聚合物微球团聚在一起形成尺寸更大的团聚体，聚合物微球发生团聚后尺寸增大，若在进入地层孔喉前发生团聚，则会影响聚合物微球进入地层的量，进而影响调驱效果。若在地层中团聚，则会影响聚合物微球的深部运移。综上所述，研究聚合物微球的团聚特性及团聚规律具有重要意义。

如图 2－22 所示，测量不同尺寸聚合物微球在不同浓度下的粒径分布，可以发现聚合物微球粒径分布具有双峰特征，定性地验证了纳米聚合物微球具有团聚特征。通过横向对比可知，相同粒径、不同浓度聚合物微球溶液，聚合物微球浓度越低，第二个峰值越高，即团聚越明显。通过纵向对比可知，不同粒径、相同浓度聚合物微球溶液，粒径越大，越不容易发生团聚。聚合物微球的现场使用表现出“粒径越小，调驱效果越好”的特征，更加说明了研究小粒径纳米聚合物微球的重要性。

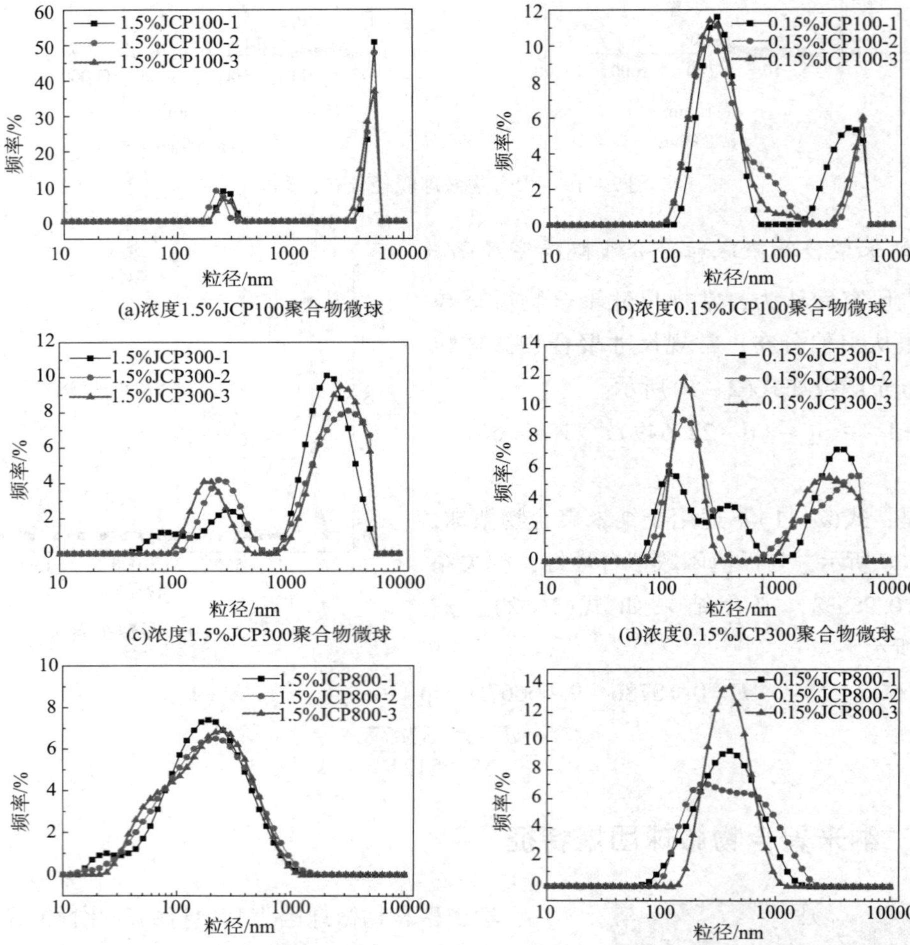

(a)浓度1.5%JCP100聚合物微球　(b)浓度0.15%JCP100聚合物微球

(c)浓度1.5%JCP300聚合物微球　(d)浓度0.15%JCP300聚合物微球

(e)浓度1.5%JCP800聚合物微球　(f)浓度0.15%JCP800聚合物微球

图 2-22　不同粒径聚合物微球在不同稀释浓度下的粒径分布特征

注：此图源自清华大学工程力学系合作项目，仅作为论题的佐证。

根据聚合物微球的测量粒径，建立聚合物微球的团聚率公式，如式(2-4)所示。

$$\lambda = \frac{C_1 - C_2}{C_1} \times 100\% \qquad (2-4)$$

式中　λ——团聚率，%；

C_1——聚合物微球粒径分布图中第一个峰的概率，%；

C_2——聚合物微球粒径分布图中第二个峰的概率，%。

第三章　聚合物微球物理模拟实验

聚合物微球具有优良的理化性能，主要表现在遇水膨胀性能、弹性变形能力、抗剪切性能、与油藏储层孔喉的匹配性等方面，将JCP型聚合物微球注入井内，它可以运移至油藏深部，增大高渗透通道的渗流阻力，实现油藏深部调驱。由于低渗透储层的非均质性较强，在室内采用并联人造岩心或双管并联物理模型来模拟非均质油藏。通过调驱物理模拟实验，测定了JCP型聚合物微球的调驱效果，研究了其作用机理，为低渗透油藏水驱后进一步提高采收率提供了一项可靠的技术。实验过程中参考了石油行业标准《调剖剂性能评价方法》(SY/T 5590—2004)，按操作规范设计实验方案，确定实验方法，准备实验材料及仪器。从聚合物微球粒径优选、注入浓度优选、注入量优选、注入时机优选、确定渗透率级差范围、注入段塞优选、注入速度对采收率和封堵率的影响等多个方面开展了调驱物理模拟实验，验证了不同参数对JCP型聚合物微球调驱效果的影响。同时，验证了现场纳米聚合物微球的应用特点，明确了聚合物微球理化特性与调驱效果之间的关系。

第一节　均质模型调驱物理模拟实验

采用均质填砂物理模型，在物性条件基本相同的情况下，采用不同的驱替速度测定聚合物微球的调驱效果和封堵率，探究驱替流体的流速对驱替效率、封堵率、采收率的影响。

一、实验

通过双管人造岩心物理模拟实验验证了纳米聚合物微球的调驱特点，但还需要对纳米聚合物微球滞留评价重要参数，即残余阻力系数进行研究，并且不同流速对纳米聚合物微球的滞留有决定性作用。由于并联岩心实验对残余阻力系数的计算误差较大，因此将采用层内均质性强的单个填砂模型进行物理模拟研究。

1. 实验目的

明确注入速度对纳米聚合物微球调驱效果与封堵率的影响规律，通过残余阻力系数验证粒径与调驱效果的关系，确定最佳注入速度，为现场注入参数的确定提供理论依据。

2. 实验样品及材料

JCP型聚合物微球乳液(AMPS、AM、BIS、APS，采用反相微乳液聚合方法制备，按照粒径由小到大分为100nm、300nm、800nm、5000nm 4个级别)；模拟地层水(油田现场取样水质分析结果如表2-1所示，水质为$CaCl_2$型，矿化度为89766mg/L)；模拟原油(60℃恒温、剪切速率为$7.221s^{-1}$时，黏度为11.54mPa·s)；石英砂(目数分别为40~60目、80~120目、200目)。

3. 实验装置

多功能物理模型驱替装置；物理模型(填砂模型，长度100cm，内径2.5cm，最大承压32MPa，图3-1)；中间容器；MCGS压力监测系统；2PB00C平流泵；分析天平；恒温箱及常规玻璃器皿等。

图3-1 填砂模型

4. 实验方法及步骤

1)实验方法

按照实验设计方案完成均质填砂模型的制备，如图3-2所示连接实验仪器设备，依据《实验设计书》完成不同组别均质模型驱替实验。

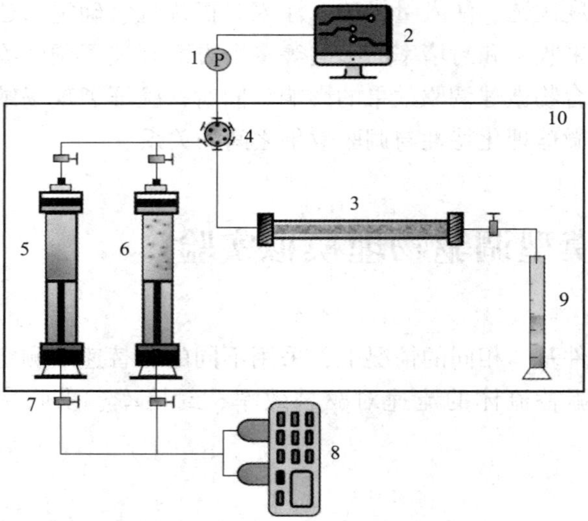

图3-2 填砂模型物理模拟实验装置连接图

1—压力表；2—压力监测系统；3—填砂模型；4—六通阀；5、6—中间容器；7—二通阀；8—蠕动泵；9—采收液计量器；10—恒温箱

2)实验步骤

(1)测量填砂模型内径、长度。分别使用40~60目、80~120目、200目的石英砂以不同的配比、不同的压实程度制作不同渗透率的均质物理填砂模型。

(2)连接设备，检查填砂模型气密性。

(3)测量填砂模型气相渗透率。

(4)抽真空，饱和模拟地层水。计算模型孔隙度。

(5)连接设备，测水相渗透率。记录驱替流量、驱替压力、时间、出液量。

(6)饱和模拟油。饱和完模拟油以后，测量油相渗透率。

(7)在如图3-2所示的实验流程中进行水驱油，每隔10min分别记录1次出口端的出油量、出水量、总液量，以及填砂模型入口处和1/2处的动态压力数据，并计算动态含水率。当驱替到综合含水率80%时，开始注入0.3PV浓度为2000mg/L的聚合物微球乳液，注入之后将模型在60℃下养护36h。

(8)后续水驱。水驱到综合含水率98%时结束。

(9)按照不同的驱替速度重复步骤(1)~步骤(8)的操作。

二、注入速度对调驱效果的影响

1. 均质饱和油模型的调驱效果对比分析

采用均质物理模型研究了不同驱替流速对调驱效果的影响规律，填砂模型物性参数如表 3 - 1 所示，在 5 个渗透率基本相同的均质物理模型中，分别以 0.1mL/min、0.3mL/min、0.5mL/min、1.0mL/min、2.0mL/min 流速注入 0.3PV 的 JCP100 聚合物微球乳液，注入浓度为 2000mg/L，评价驱替速度对调驱效果的影响规律。

表 3 - 1　填砂模型物性参数

序　号	孔隙度/%	含油饱和度/%	水测渗透率/$10^{-3}\mu m^2$
1	29.54	55.86	176.84
2	29.13	79.02	184.53
3	30.15	43.24	171.48
4	28.93	68.30	103.51
5	27.30	89.55	226.35

第一组实验的填砂模型渗透率为 $176.84 \times 10^{-3}\mu m^2$，注入速度为 0.1mL/min，注入了 0.3PV 浓度为 2000mg/L 的 JCP100 聚合物微球乳液，调驱效果如图 3 - 3 所示。

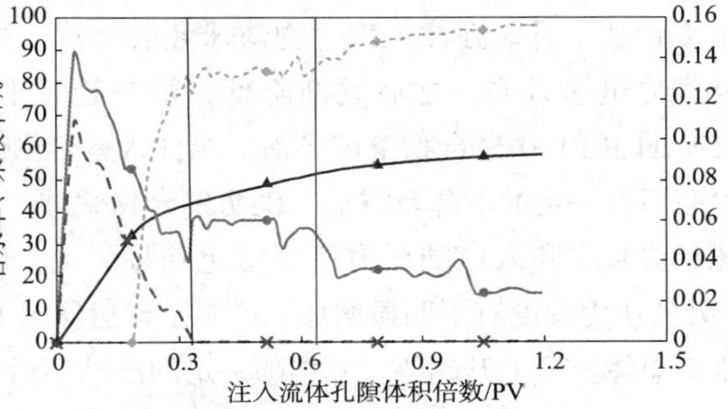

图 3 - 3　注入速度 0.1mL/min 时聚合物微球调驱效果

从图 3 - 3 可以看出，在注入孔隙体积倍数为 0.2PV 前，含水率为 0，为无水采油期。在驱替初期阶段，入口端注入压力梯度和 1/2 处压力快速上升，入口端注入压力梯度骤增至 0.142MPa/m，当出口端计量筒中见水即注入水突破以后，注入压力梯度明显下降，降至 0.04MPa/m，整个驱替过程中，驱替压力梯度呈先上升后下降、最终趋于平稳的趋势。当注入流体孔隙体积倍数为 0.32PV、含水率稳定在 80% 时，注入 0.3PV 纳米聚合物微球溶液，在纳米聚合物微球乳液注入阶段，入口端压力梯度快速上升至 0.62MPa/m，注入微球乳液后期产生小幅下降，说明聚合物微球在模型内产生了一定的封堵作用并发生了运移，随着驱替的持续进行，入口端压力梯度在波动中持续下降，最终平稳的动态压力梯度为 0.024MPa/m；但 1/2 处的压力梯度却为 0，说明纳米聚合物微球主要在填砂模型的中前部产生作用，如延长驱替时间，聚合物微球将会运移至模型深部。含水率总体上呈增长态势，在聚合物微球注入阶段，含水率稳定在 83% 左右，但在后续水驱阶段，含水率持续升高，说明纳米聚合物微球在注入过程中产生了较好的控水稳油作用。原油采出程度总体上呈上升趋势，在注入聚合物微球乳液之前，物理模型累计采收率为 42.47%，但在注入聚合物微球阶段，其采出程度增长速度明显快于后续水驱阶段，说明该流速下注入聚合物微球具有一定的稳油控水作用，最终采收率达 57.65%。

综上所述，在以 0.1mL/min 的速度注入 100nm 聚合物微球乳液期间，压力梯度增幅大，含水率趋于稳定，且采出程度增速变快，说明纳米聚合物微球发挥了一定作用，但并未发生深部运移。在后续水驱阶段，含水率及压力梯度有波动，但 1/2 处压力梯度仍为 0，说明在 0.1mL/min 注入速度下，纳米聚合物微球发生了短距离运移，但未至深部。以 0.1mL/min 的速度注入后，虽能使纳米聚合物微球发挥一定作用，但并没有发挥出其深部运移的核心作用。

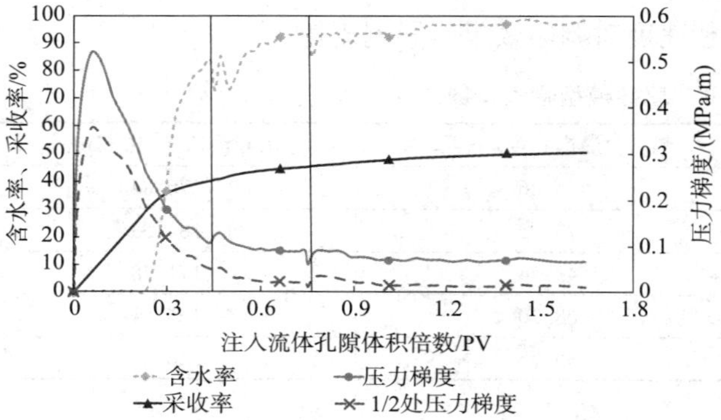

图 3－4　注入速度 0.3mL/min 时聚合物微球调驱效果

第二组实验的填砂模型渗透率为 $184.53 \times 10^{-3}\mu m^2$，注入速度为 0.3mL/min，注入了 0.3PV 浓度为 2000mg/L 的 JCP100 聚合物微球乳液，调驱效果如图 3－4 所示。

从图 3－4 可以看出，在注入聚合物微球乳液之前，含水率为 0，为无水采油期，无水采油期时间较长，注入水突破之后，含水率快速上升。在注入聚合物微球乳液之前，物理模型累计采收率为 40.09%，动态压力梯度先迅速升高，之后逐渐降低，最终趋于平稳。当含水率为 83.78% 时，开始注入 0.3PV 的 JCP100 聚合物微球乳液。当注入聚合物微球乳液时，压力梯度小幅升高，稳定一段时间后有一定的下降及波动，说明聚合物微球产生了较好的封堵作用；1/2 处的压力梯度变化趋势基本和入口端压力梯度变化趋势一致，但是相比于以 0.1mL/min 的速度注入时，1/2 处的压力梯度有了明显增加，说明微球运移到了模型深部，初步实现了深部调驱的目的。含水率总体上呈上升趋势，并伴随一定的波动。后续水驱时，压力梯度缓慢降低，并伴随一定的波动。含水率逐渐升高。最高动态压力梯度为 0.520MPa/m，最终平稳动态压力梯度为 0.066MPa/m。

第三组实验的填砂模型渗透率为 $171.48 \times 10^{-3}\mu m^2$，注入速度为 0.5mL/min，注入了 0.3PV 浓度为 2000mg/L 的 JCP100 聚合物微球乳液，调驱效果如图 3－5 所示。

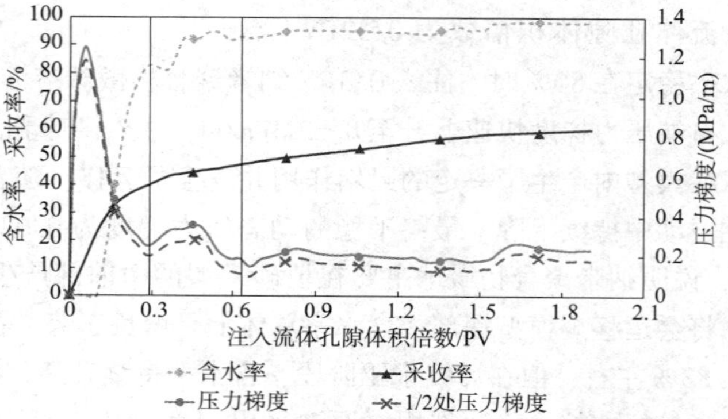

图 3－5　注入速度 0.5mL/min 时聚合物微球调驱效果

从图 3－5 可以看出，在水驱阶段，入口端压力梯度以较快速度升高至 1.30MPa/m，当注入水突破以后，注入压力梯度明显下降，入口端压力梯度持续下降至

0.25MPa/m，压力梯度总体上呈先迅速升高再逐渐降低的趋势。当含水率为82.81%时，开始注入0.3PV的JCP100聚合物微球乳液，入口端压力梯度缓慢上升至0.35MPa/m，1/2处压力梯度同步上升至0.30MPa/m，说明聚合物微球产生了较好的封堵作用，并运移至模型深部。压力梯度在后续水驱阶段出现两次升高，分别为在注入流体孔隙体积倍数为0.82PV时升高至0.24MPa/m，在1.65PV时升高至2.67MPa/m并保持在2.3MPa/m上下，并且1/2处压力梯度也同步变化，说明纳米聚合物微球在该流速下可以充分实现深部运移，并稳定发挥作用。最高压力梯度为1.25MPa/m，最终平稳时的压力梯度为0.17MPa/m。

在注入纳米聚合物微球过程中，含水率总体上呈逐步上升的趋势，并伴随一定的波动；水驱突破时，含水率快速上升；微球注入阶段，含水率降低了1.3%；由于纳米聚合物微球的深部运移，含水率持续走高并稳定在93%，后续水驱过程中因为纳米聚合物微球的持续运移，含水率出现波动但基本保持稳定；驱替末期，含水率稳步升高，反映出聚合物微球运移、再封堵的特征。

在注入聚合物微球之前，含水率为0，为无水采油期，无水采油期时间较长。在注入聚合物微球之前，物理模型累计采收率为40.00%，至调驱实验结束，物理模型的总采出程度达到了59.84%，采出程度总体上呈增长趋势，由于注入的纳米聚合物微球产生了深部运移，所以采出程度能够持续小幅增加，驱替后期基本保持稳定增加，也说明了纳米聚合物微球作用时间较长。

第四组实验的填砂模型渗透率为103.51×10^{-3}μm^2，注入速度为1.0mL/min，注入了0.3PV浓度为2000mg/L的JCP100聚合物微球乳液，调驱结果如图3-6所示。

从图3-6可以看出，在水驱阶段，压力梯度先迅速升高，再逐渐降低，因为存在启动压力梯度，水驱初期入口端压力梯度迅速升高至0.86MPa/m，注入水突破以后，注入压力梯度明显下降，入口端注入压力梯度持续下降至0.66MPa/m。在注入流体孔隙体积倍数为0.35PV，以及含水率为83.93%时，开始注入0.3PV的JCP100聚合物微球乳液，填砂模型入口端压力梯度持续缓慢下降，而1/2处压力梯度缓慢上升，说明聚合物微球向模型深部运移，并产生了较好的封堵作用，因为注入速度比较快，模型入口端冲刷严重，压力梯度缓慢下降。在后续水驱过程中，入口端压力梯度和1/2处压力梯度均缓慢上升，最终趋于稳定，说明提高驱替速度以后，纳米聚合物微球不断向模型深部运移，产生了较好的封堵作用。最高动态压力梯度为0.86MPa/m，最终平稳动态压力梯度为0.58MPa/m。

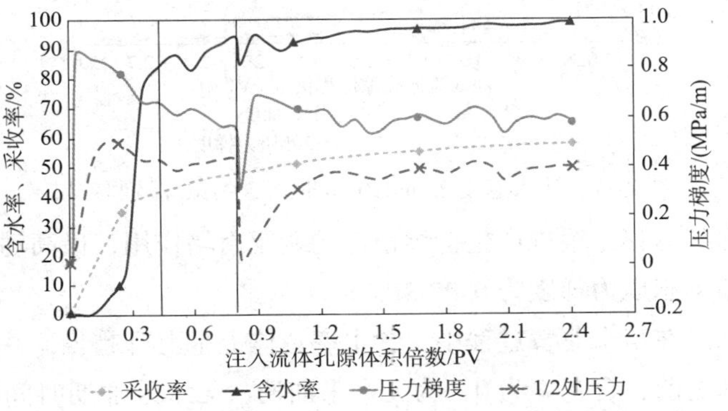

图3-6　注入速度1.0mL/min时聚合物微球调驱效果

含水率总体上呈上升趋势，并伴随一定的波动。在聚合物微球注入前，含水率增速快，在聚合物微球注入阶段，含水率降低了5.9%，说明聚合物微球进入模型产生封堵作用，能够实现有效地控水增油。在后续水驱阶段，含水率持续升高，这是由于注入速度快，导致纳米聚合物微球在模型中难以滞留，不断地向前运移，从而没有在填砂模型中持续产生封堵作用。

在注入聚合物微球前，含水率为0，为无水采油期，无水采油期时间较长。至注入聚合物微球之前，物理模型累计采收率为41.86%，注入聚合物微球时模型采出程度的增加幅度明显大于后续水驱阶段采出程度的增加幅度，说明聚合物微球调驱能够有效增加原油产量。

综合分析认为，注入微球速度过快，压力梯度不稳定，聚合物微球难以在储层中有效滞留，它会不断向油藏深部运移，产生的调驱封堵作用有限，因此在实际注入聚合物微球过程中，应该合理控制注入速度，才能达到较好的调驱效果。

第五组实验的填砂模型渗透率为226.35×10^{-3} μm^2，注入速度为2.0mL/min，注入了0.3PV浓度为2000mg/L的JCP100聚合物微球乳液，调驱效果如图3-7所示。

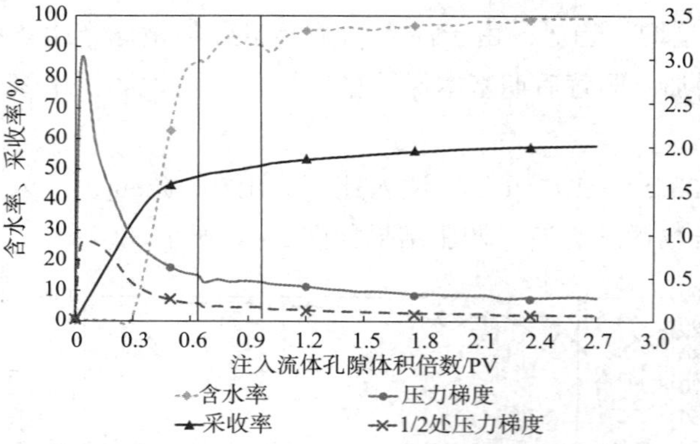

图3-7　注入速度2.0mL/min时聚合物微球调驱效果

从图3-7可以看出，入口端压力梯度和1/2处压力梯度均先迅速升高，再逐渐降低。当含水率为85.19%时，开始注入0.3PV的JCP100聚合物微球乳液，压力梯度基本稳定，后续水驱阶段压力梯度持续缓慢下降，说明聚合物微球在模型内部产生了一定的封堵作用，但是由于驱替速度过高，导致聚合物微球不断向模型深部运移，很难产生持续稳定的调驱封堵作用，最高动态压力梯度为2.97MPa/m，最终平稳动态压力梯度为0.27MPa/m。

在整个驱替过程中，含水率总体上呈上升趋势，并伴随一定的波动。在注入聚合物微球之前，含水率为0，为无水采油期，无水采油期时间较长。在注入聚合物微球之前，物理模型累计采出程度达到了47.67%，至驱替结束，最终采出程度为57.58%，采出程度在注入聚合物微球前已经接近最大值，说明2.0mL/min的流速太大，以致聚合物微球完全不能在孔隙中停留、封堵，以及发挥控水增油的作用。

如表3-2所示，再结合图3-3～图3-7，对比5组实验数据发现，含水率、压力梯度、采出程度三者的变化趋势基本一致。在不同的注入速度下，注入聚合物微球过程和后续水驱阶段，3个参数存在一定差异。

表 3－2　聚合物微球不同注入速度的采收率

组　数	编　号	流速/(mL/min)	微球粒径/nm	注入微球乳液量/PV	注入微球乳液浓度/(mg/L)	采收率/%			
						水驱	注微球	后续水驱	累计
1	23	0.1	JCP100	0.3	2000	42.47	9.26	5.92	57.65
2	26	0.3				40.09	5.13	5.31	50.53
3	22	0.5				40.00	7.34	12.5	59.84
4	24	1.0				41.86	5.98	9.90	57.73
5	25	2.0				47.67	3.42	6.50	57.58

在注入压力梯度、1/2 处压力梯度方面，随着流速增加，注入聚合物微球及后续水驱对压力梯度的改变越来越小。注入速度为 0.1mL/min 时，1/2 处压力梯度没有变化，说明在这个注入速度下，聚合物微球没有在模型内部向深部运移；注入速度为 0.5mL/min 时，聚合物微球可以运移至模型深部，并稳定发挥作用；注入速度为 1.0mL/min 时，注入聚合物微球几乎已经没有升高压力梯度的作用，而在后续水驱初步阶段，压力梯度还有小幅提升，说明聚合物微球的运移、再封堵起到了一定作用；注入速度为 2.0mL/min 时，注入聚合物微球与后续水驱都没有产生压力梯度升高现象，说明驱替速度过快导致聚合物微球很难发挥封堵作用。

在含水率方面，随着注入速度的增加，聚合物微球抑制含水率增长的能力越来越弱，抑制作用越来越滞后，抑制时间越来越短。注入速度为 1.0mL/min 时，注入聚合物微球后，能够将含水率降低至 80% 左右，且保持了一段时间；注入速度为 2.0mL/min 时，注入聚合物微球期间，含水率呈单调递增趋势，说明没有抑制含水率增加的作用。

在采出程度方面，由于高速液流的冲刷，注入速度 1.0mL/min、2.0mL/min 时，水驱阶段的采出程度已经比较高，注入聚合物微球和后续水驱增加的采出程度并不明显，说明高注入速度能够在一定程度上加大水驱采出程度，但是在聚合物微球调驱过程中，高注入速度并不适用。在实际生产中，高流速对设备耐压性要求比较高，且安全隐患越多。注入聚合物微球和后续水驱阶段，采出程度增加最明显的是 0.5mL/min 的注入速度，采出程度增加幅度达到了 19.84%，累计采出程度达到了 59.84%。

综合以上分析，注入速度为 0.5mL/min 时，聚合物微球能够运移至模型深部，并且最大限度发挥调驱增油的作用。注入速度为 0.1mL/min 时，注入速度过慢导致聚合物微球在入口端沉积、滞留，很难运移至模型深部。注入速度为 1.0mL/min 和 2.0mL/min 时，注入速度过快，聚合物微球无法在孔喉内附着、沉积、滞留而产生封堵作用，主要发挥的都是注入水的作用。因此，0.5mL/min 的注入速度最适合 JCP 型纳米聚合物微球调驱，能够达到提高采出程度的目的。因此，在后续实验中，注入速度将采用 0.5mL/min。

2. 不同粒径纳米聚合物微球对残余阻力的影响

残余阻力系数是评价纳米聚合物微球调驱效果的重要参数之一，可由注入前渗透率与注入纳米聚合物微球后的填砂模型渗透率比值得出，如式(3－1)所示：

$$\xi = K/K_{\mathrm{P}} \tag{3-1}$$

式中 ξ——残余阻力系数，无量纲；

K——填砂模型/岩心水测渗透率，$10^{-3}\mu m^2$；

K_P——填砂模型/岩心注入聚合物微球后渗透率，$10^{-3}\mu m^2$。

残余阻力系数不适用于不同流速条件下的评价，因为低流速下纳米聚合物微球在模型的中前端聚集，虽然残余阻力系数大，但调驱效果差。为了明确不同粒径的聚合物微球对残余阻力系数的影响，采用了 0.5mL/min 和 1.0mL/min 流速下 100nm 的 JCP 型聚合物微球的实验结果，同时，对比吴天江在相同实验条件下(注入速度 1.0mL/min)得到的粒径为 300nm 和 800nm 聚合物微球的调驱效果，结果如表 3-3 所示。

表 3-3 不同粒径聚合物微球调驱后残余阻力系数

编　　号	注入速度/(L/min)	聚合物微球粒径/nm	残余阻力系数
1	0.5	100	2.43
2	1.0	100	1.64
3	1.0	300	1.38
4	1.0	800	1.37

从表 3-3 可以看出，在注入速度为 1.0L/min 时，100nmJCP 型聚合物微球的残余阻力系数最大，其他两种粒径残余阻力系数相近，充分说明了 100nmJCP 型聚合物微球具有优异的调驱特性。需要注意的是，这是在不太适合 100nmJCP 型聚合物微球使用的 1mL/min 流速下测定的结果，而在最适宜 100nmJCP 型聚合物微球的 0.5mL/min 流速下的残余阻力系数达 2.43。

三、注入速度对封堵率的影响

制作均质填砂物理模型，模型物性参数如表 3-4 所示，分别以 0.1mL/min、0.3mL/min、0.5mL/min、1.0mL/min、2.0mL/min 的注入速度向模型中注入 0.3PV 浓度为 2000mg/L 的 JCP100 聚合物微球乳液。测定注入微球前后模型渗透率的变化幅度，并计算封堵率，所得结果如图 3-8～图 3-12 所示。

表 3-4 均质填砂物理模型物性参数及注入参数

组　　数	孔隙体积/mL	孔隙度/%	渗透率/$10^{-3}\mu m^2$	注入速度/(mL/min)
1	134	27.30	154.11	0.1
2	128	26.08	107.43	0.3
3	146	29.74	293.58	0.5
4	140	28.52	223.74	1.0
5	141	28.72	256.46	2.0

从图 3-8 可以看出，在注入微球过程中，入口压力梯度升高，而填砂管 1/2 处压力梯度降低，说明在 JCP100 聚合物微球注入过程中产生了一定的阻力，但是微球主要集中在填砂管前半部分，因此填砂管 1/2 处压力梯度降低并出现波动。注入微球水化膨胀之后，入口压力梯度没有注入微球时入口压力梯度高，但是填砂管 1/2 处压力梯度有所升高，说明微球运移至填砂模型中部，产生了较好的封堵作用。

从图 3 - 9 可以看出，在注入 JCP100 聚合物微球过程中，入口压力梯度和填砂管 1/2 处压力梯度变化与采用 0.3mL/min 流速水测渗透率时基本一致，说明提高流速之后，注入微球的动力充足。注入微球水化膨胀之后，水测渗透率的入口压力梯度和填砂管 1/2 处压力梯度与注入微球前基本相同，说明封堵率下降，这是因为注入速度增大，液体在填砂模型中的流动能力增强，削弱了微球的封堵能力。

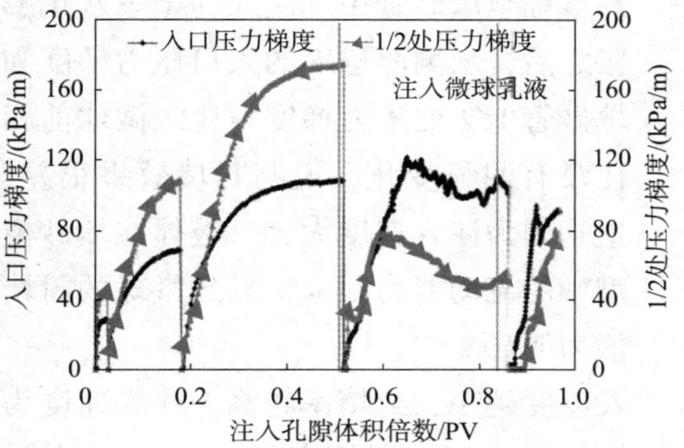

图 3 - 8　注入速度为 0.1mL/min 时调驱前后压力变化

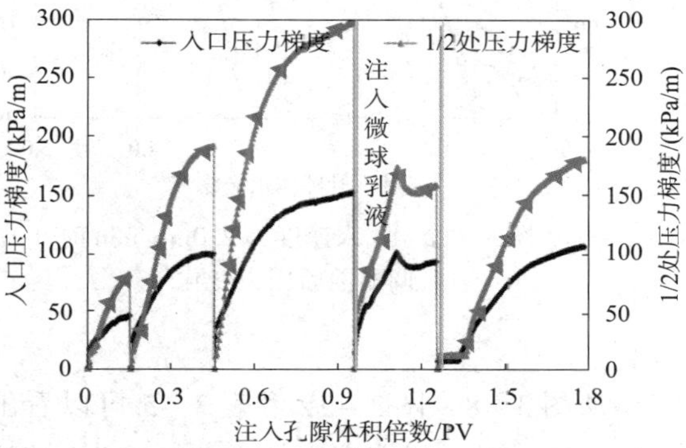

图 3 - 9　注入速度为 0.3mL/min 时调驱前后压力变化

从图 3 - 10 可以看出，在注入 JCP100 聚合物微球过程中，入口压力梯度和填砂管 1/2 处压力梯度变化与采用 0.5mL/min 流速水测渗透率时基本一致，说明提高流速之后，注入微球的动力充足。注入的微球水化膨胀之后，水测渗透率的入口压力梯度和填砂管 1/2 处压力梯度与注入微球前基本相同，说明封堵率下降，这是因为注入速度增大，液体在填砂模型中的流动能力增强，削弱了微球的封堵能力。

从图 3 - 11 可以看出，在注入 JCP100 聚合物微球过程中，入口压力梯度和填砂管 1/2 处压力梯度比采用 1.0mL/min 流速水测渗透率时低，说明在大流量下微球容易注入。注入的微球水化膨胀之后，水测渗透率的入口压力梯度和填砂管 1/2 处压力梯度比注入微球前有所降低，说明封堵效果不佳，这是因为注入速度较大，液体在填砂模型中的流动能力较强，导致微球的封堵能力减弱。

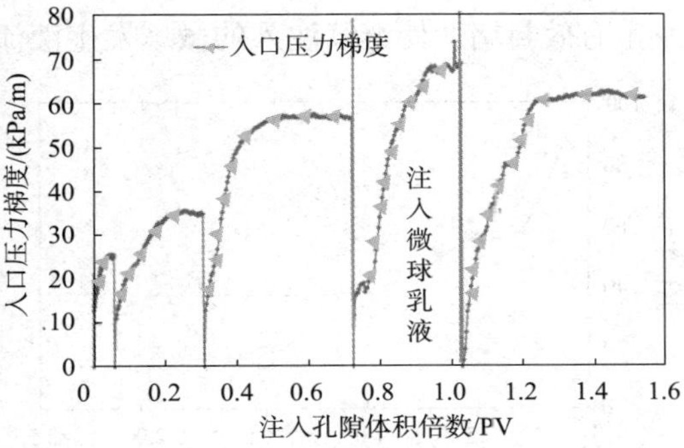

图 3 - 10　注入速度为 0.5mL/min 时调驱前后压力变化

注：本组实验中由于压力传感器损坏未获得 1/2 处压力梯度数据。

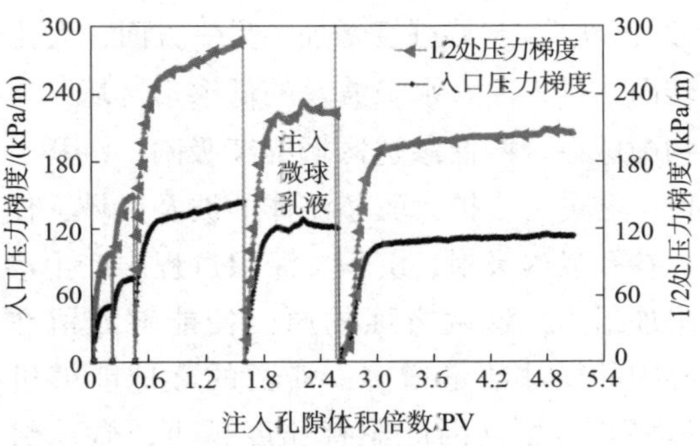

图 3 - 11　注入速度为 1.0mL/min 时调驱前后压力变化

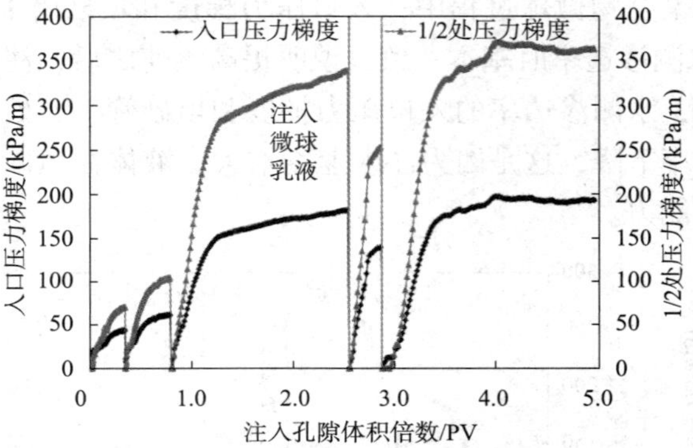

图 3-12　注入速度为 2.0mL/min 时调驱前后压力变化

从图 3-12 可以看出，在注入 JCP100 聚合物微球过程中，入口压力梯度和填砂管 1/2 处压力梯度比采用 2.0mL/min 流速水测渗透率时降低了很多，说明注入流量太大，导致微球很容易被推至填砂管中。注入的微球水化膨胀之后，水测渗透率的入口压力梯度和填砂管 1/2 处压力梯度与注入微球前相比没有明显变化，说明封堵效果很差，这是因为注入速度太大，液体在填砂模型中的流动能力很强，导致微球的封堵能力明显减弱。

从图 3-8 ~ 图 3-12 和表 3-5 可以看出，注入速度越小，封堵率越高。注入速度为 0.1mL/min 时，封堵率为 88.74%；注入速度为 2.0mL/min 时，封堵率仅为 37.22%。说明单位时间内岩心内增加的微球数量越少。

表 3-5　不同注入速度下微球的注入参数及封堵率

组　数	注入速度/(mL/min)	微球粒径/nm	注入微球乳液量/PV	注入微球乳液浓度/(mg/L)	后续水驱渗透率/$10^{-3}\mu m^2$	封堵率/%
1	0.1	JCP100	0.3	2000	17.35	88.74
2	0.3				44.24	58.82
3	0.5				125.35	57.30
4	1.0				136.64	38.93
5	2.0				161.01	37.22

究其原因：一方面，进入岩心孔喉内的聚合物微球在孔喉内壁上有足够的时间吸附、沉积、滞留，在适当变形之后，发生桥连、堆积，继续注入的微球会使封堵在大孔道处的微球被“压实”，封堵强度增加。另一方面，大孔道处发生有效封堵，使继续注入的微球发生液流转向，进入注入水未波及的低渗透区域。聚合物微球在这些低渗透区域继续吸附、沉积、滞留，会进一步扩大驱替流体的波及区域，使微球在孔喉内吸附、沉积、滞留过程中产生渗流附加阻力。这两方面的原因使能够滞留在岩心中的微球数量增多，滞留的微球能够进行运移和封堵，因此驱替速度越小，微球封堵率和最大变形运移压力梯度越大。

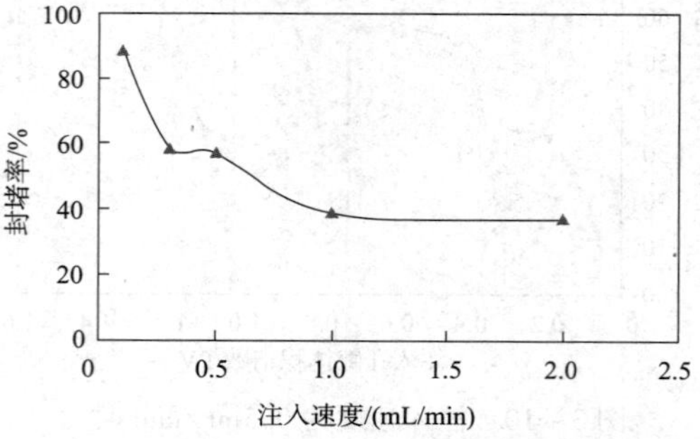

图 3-13　不同注入速度下聚合物微球的封堵率变化趋势

不同注入速度下聚合物微球的封堵率变化趋势如图 3-13 所示。从该图中可以看出，当注入速度超过0.5mL/min以后，封堵率低于50%，这种情况不能满足低渗透油藏深部封堵的要求，因此要求注入速度不能超过0.5mL/min。在低渗透油藏中，由于储层物性差、渗透率低，流体的流动速度很小，一般只能达1m/d，折算成实验室内相同物性条件下的注入速度，约等于0.1mL/min，结合不同注入速度下均质模型的调驱效果，笔者分析后认为，在实验过程中应该将注入速度控制在0.1~0.5mL/min之间，为了节省实验时间，确定在实验过程中采用0.5mL/min的最佳注入速度，最佳注入速度的确定为以后相关实验的开展奠定了基础。

第二节　非均质模型调驱物理模拟实验

采用并联人造岩心和填砂模型模拟非均质油藏，同时采用合注－分采的实验方法模拟驱替过程，分别定时记录各模型的压力梯度、采出液量的变化，计算综合含水率、各模型采出程度、总采出程度等参数，评价纳米聚合物微球在非均质模型中的驱替效果。

一、实验

1. 实验样品与材料

JCP型聚合物微球乳液（AMPS、AM、BIS、APS，采用反相微乳液聚合方法制备，按照粒径由小到大分为100nm、300nm、800nm、5000nm 4个级别）；模拟地层水（油田现场取样水质分析结果如表2－1所示，水质为$CaCl_2$型，矿化度为89766mg/L，矿物离子含量如表2－1所示）；模拟原油（60℃恒温、剪切速率为7.221s^{-1}时，黏度为11.54mPa·s）；填砂模型（按照不同的比例和压实程度，采用40~60目、80~120目、200目的石英砂和黏结剂制作）；人造岩心（图3－14），采用大型压力机压制而成。

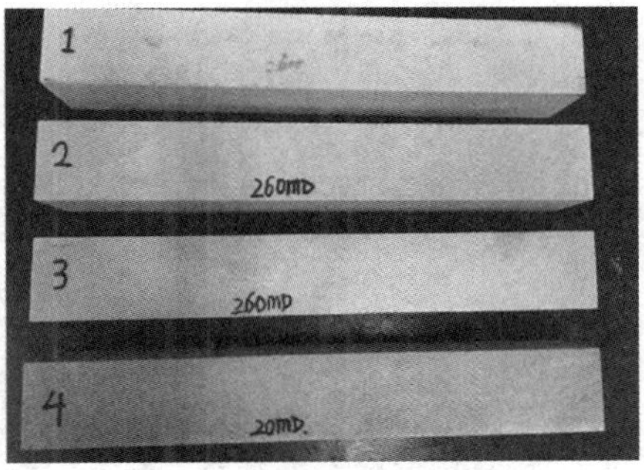

图3－14　人造岩心

2. 实验仪器与设备

Thermo公司生产的Haake RS6000旋转流变仪（图2－16）；物理模型（两根填砂模型，长度1m，内径25mm，最大承压32MPa，（图3－15）；MCGS压力动态监测系统（图3－16）；真空泵（图3－17）；神州微科2PB系列平流泵（量程0.01~5.00mL/min，图3－18）；HHD07－7C液压驱替泵（图3－19）；活塞式压力容器；大型恒温驱替系统（图3－20）；分析天平（精度0.001g，图3－21）；多功能物理模型驱替装置（江苏海安，图3－22）；常规玻璃器皿；等等。

图 3－15　实验用填砂模型

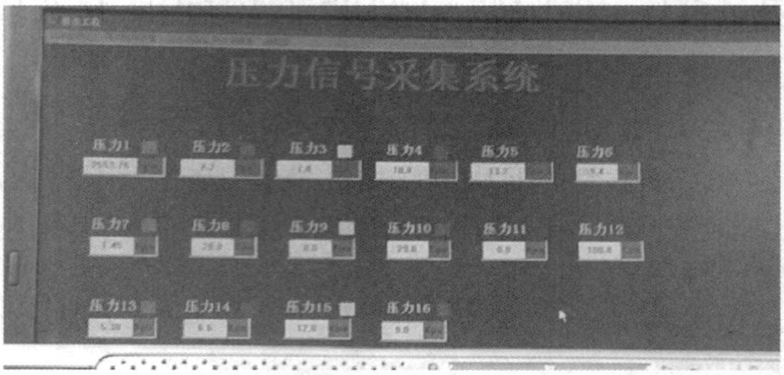

图 3－16　MCGS 压力动态监测系统

图 3－17　真空泵

图 3－18　神州微科 2PB 系列平流泵

图 3－19　HHD07－7C 液压驱替泵

图 3－20　大型恒温驱替系统

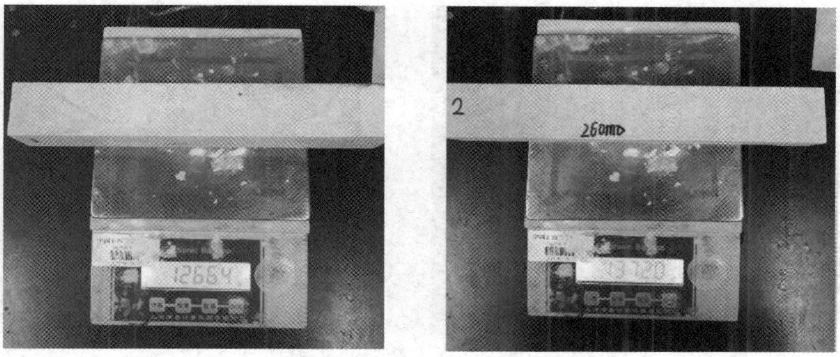

图 3－21　分析天平

3. 实验方法

图 3－22　多功能物理模型驱替装置

驱替实验仪器连接如图 3－23 所示，采用两根填砂模型并联的方法同注分采。

(1)利用控制变量法研究聚合物微球乳液对并联岩心驱替效果的影响规律，控制变量分别为聚合物微球交联比、粒径、浓度、注入量、注入速度、注入时机、岩心渗透率级差和段塞组合。

(2)采用同注分采的方式进行驱替实验，实验平台如图 3－24 和图 3－25 所示。

(3)对比和分析不同渗透率级差下的分流量变化规律及对驱油效果的影响因素。

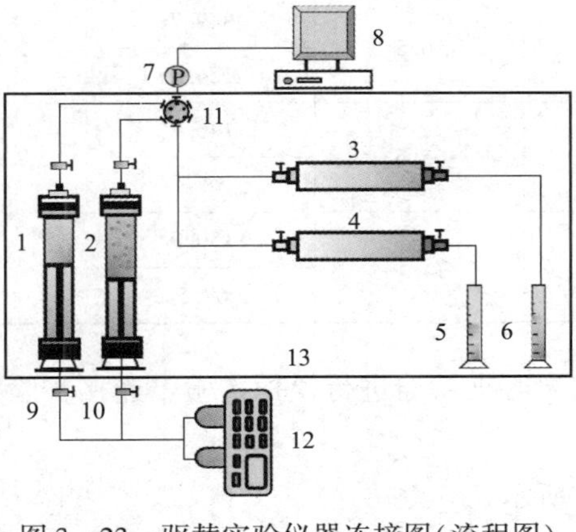

图 3－23　驱替实验仪器连接图(流程图)

1—油釜；2—水釜；3、4—人造岩心、填砂物理模型；5、6—量筒；7—压力传感器；8—压力监测系统；9、10—二通阀；11—六通阀；12—平流泵；13—恒温箱

图 3－24　同注分采实验平台

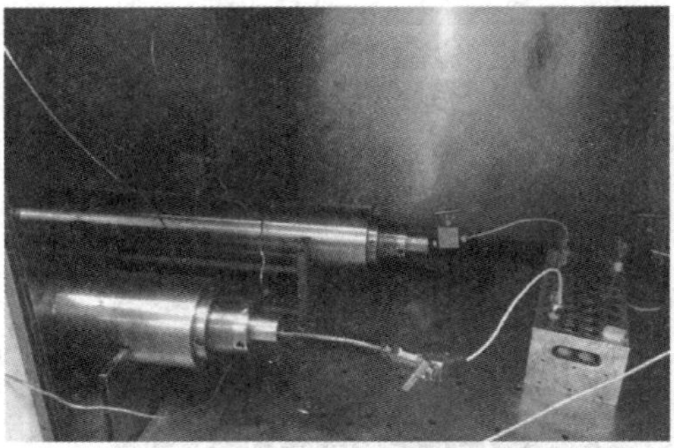

图 3－25　并联人造岩心实验平台

4. 实验步骤

具体实验步骤如下：

(1)测量填砂模型内径、长度。分别使用 40～60 目、80～120 目、200 目的石英砂以不同的配比、压实程度制作具有不同渗透率级差的填砂物理模型；针对低渗透非均质油藏层间渗透率级差一般为 2～3 的特征，从人造岩心中筛选出符合渗透率级差研究目标的 3 组岩心，共 6 块岩心，岩心性质如表 3－6 所示。低渗透油藏在长期注水后渗透率增大，并且该实验基于理论研究而并不局限于某一油田状况，故采用如表 3－6 所示的岩心及填砂模型组合。

表 3－6　人造岩心、填砂模型性质

序　号	编　号	尺寸/mm	孔隙度/%	含油饱和度/%	水测渗透率/$10^{-3}\mu m^2$	级　差
1	1－1	45×45×300	14.1	64.7	278.1	2.27
	1－2				122.6	
2	2－1	45×45×300	14.0	66.5	349.7	2.81
	2－2				124.5	
3	3－1	45×45×300	13.9	65.6	146.2	2.51
	3－2				58.3	
4	SP－5	长度：1000 内径：25	27.5	75.1	150.9	2.24
	SP－6				67.5	

(2)按照实验设计流程，采用非均质平行双岩心夹持器进行模拟实验，连接实验仪器，检查实验装置的气密性。

(3)进行气测渗透率，实验装置如图 3－26 所示。

(4)抽真空，饱和模拟地层水，如图 3－27 所示。

(5)计算孔隙度。快速、轻轻擦拭岩心表面的模拟地层水，使用分析天平测量湿重，测量 3 次后取平均值，则该岩心孔隙体积计算如式(3－2)所示：

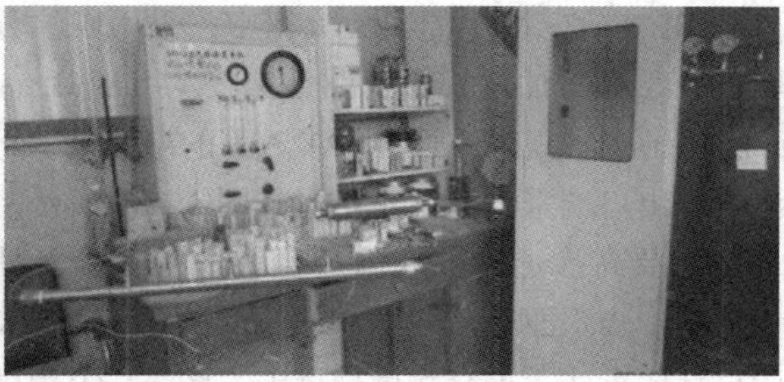

图 3－26　气测渗透率

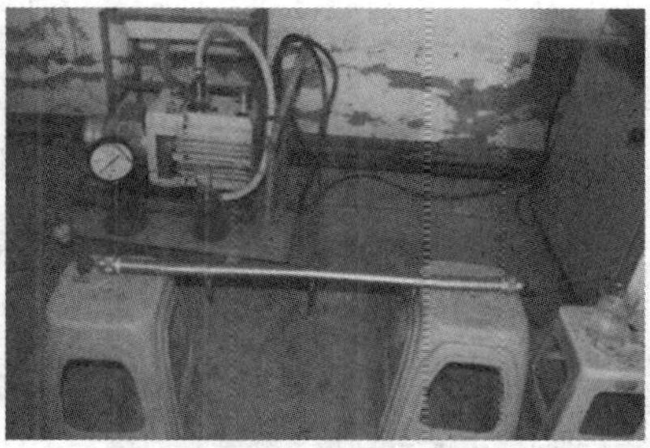

图 3－27　抽真空和饱和模拟地层水

$$V_{\phi}=\frac{m_{W}-m_{D}}{\rho_{water}} \tag{3-2}$$

式中　m_W、m_D——岩心干重、湿重，kg；

ρ_{water}——水的密度，kg/m^3。

该岩心孔隙度计算如式(3－3)所示。

$$\phi=\frac{V_{\phi}}{V_{C}} \tag{3-3}$$

式中　V_{ϕ}、V_C——岩心孔隙体积，m^3；

ϕ——岩心孔隙度，小数。

(6)连接设备，进行水测渗透率。驱替实验中，岩心是通过气测渗透率筛选出的，因为岩心也有一定的非均质性，所以气测结果往往不够准确。为了模拟地层的非均质性，并联岩心时需要严格控制岩心的渗透率级差，所以挑选渗透率级差符合条件的岩心就需要水测大量岩心的渗透率。选取3组渗透率相近值，取平均值，从而挑选出符合渗透率级差实验要求的岩心。

(7)饱和模拟油，测定油相渗透率。实验用油为模拟地层原油黏度的白油，如图3－28所示，人造岩心饱和油过程如图3－29所示，计算含油饱和度。按照研究区相渗曲线求取束缚油、束缚水含量，在60℃恒温箱内老化7～8h，通过测量和计算，岩心孔隙度基本一致，各组岩心渗透率级差在2.5左右。

图 3－28　实验用油

图 3－29　人造岩心饱和油过程

图 3－30　水驱油阶段采出液

(8)在如图 3－23 所示的实验流程中，采用同注分采的方式驱替。在水驱油过程中，驱替速度为 0.5mL/min，每隔 10min 记录一次高渗透管、低渗透管的出油量、出水量、总液量，出口端采出液计量结果如图 3－30 所示。计算动态含水率及高渗透管、低渗透管入口处和 1/2 处的动态压力数据。当水驱至实验方案设计的动态含水率时，按照实验设计要求注入聚合物微球乳液，图 3－31 为中间容器中的聚合物微球乳液，该阶段采出的油水样如图 3－32 所示，注入完毕后，在 60℃ 地层温度下养护 24h。

(9)后续水驱。当水驱到动态含水率达 98% 时，结束实验，将岩心取出称重，如图 3－33 所示。

图 3－31　向中间容器中加入聚合物微球乳液

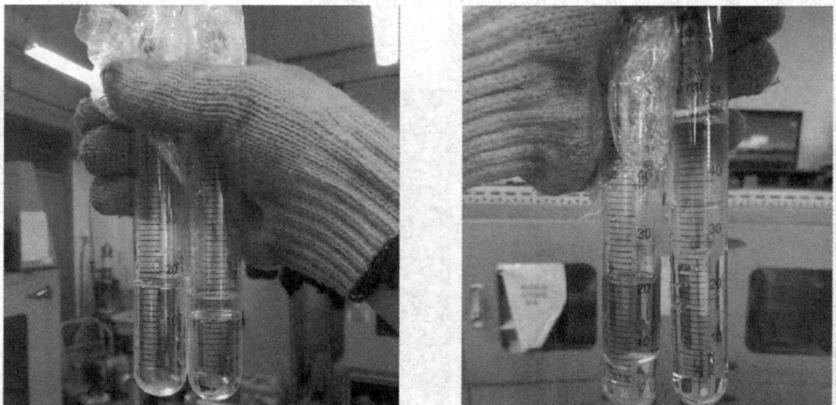

图 3－32　注聚合物微球阶段采出油水样的实时计量

图 3－33 人造岩心湿重测量

二、分流率测试

在未饱和原油的并联岩心模型中（高渗模型渗透率为 2.25μm²，低渗模型渗透率为 0.62μm²，渗透率级差为 3.63），注入 0.3PV 浓度为 2000mg/L 的 JCP 型聚合物微球乳液，测定注入调剖剂前后分流率的变化情况，结果如图 3－34 所示。

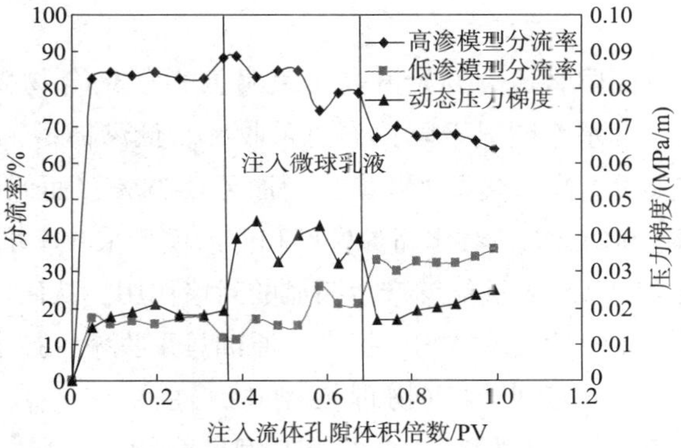

图 3－34 并联模型中分流率的变化

由图 3－34 可以看出，注入 JCP 型聚合物微球乳液之前，高渗模型分流率保持在 80%～90% 之间，高渗模型分流率是低渗模型分流率的 4 倍左右；压力梯度稳定在 0.02MPa/m；注入 JCP 型聚合物微球乳液时，高渗模型分流率开始缓慢下降，而低渗模型分流率开始上升，压力梯度略有升高，说明微球体系已经开始产生封堵作用；注入 JCP 型聚合物微球乳液之后，高渗模型分流率降低至 63.6%，并且趋于稳定，而低渗模型分流率上升到了 36.7%，高渗模型和低渗模型分流率差别比调驱前明显减小；压力梯度下降至调驱前的范围。说明 JCP 型聚合物微球大量进入高渗透层，封堵了高渗透层的大孔道，使后续注入水发生转向而进入低渗透层，扩大了对低渗透层的波及体积，改善了注入水在非均质模型中的分流率；此外，压力梯度没有明显波动，说明 JCP 型聚合物微球乳液性能稳定、注入性良好。其作用机理是大部分聚合物微球进入高渗透层后，在地层温度下逐渐膨胀，聚合物微球粒径增大，在孔隙喉道处形成桥堵，增大了后续注入水的渗流阻力，使后续注入水转向低渗透层。

三、优选微球交联比

通过调驱物理模拟实验分别评价了 1∶100、2∶100 和 4∶100 三种交联比的 JCP 型聚合物微球乳液的调驱效果，三种交联比的 JCP 型聚合物微球乳液调驱开采效果如图 3－35～图 3－37 所示。

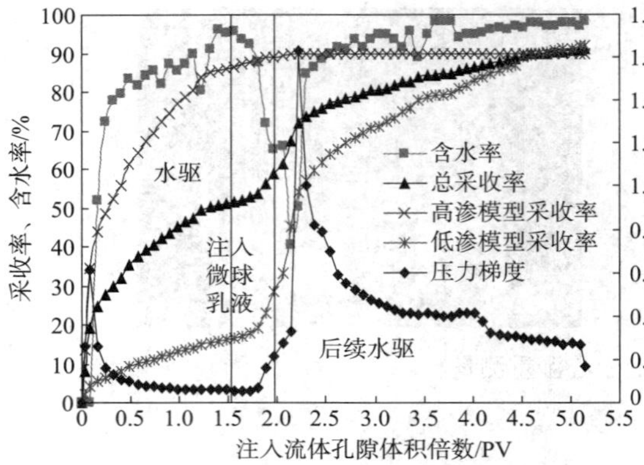

图 3－35 注入交联比为 1：100 的 JCP 型聚合物微球乳液开采效果

图 3－35 是注入 0.3PV 交联比为 1：100 的 JCP 型聚合物微球乳液后的开采效果图，高渗模型渗透率为 0.89μm²，低渗模型渗透率为 0.21μm²，渗透率级差为 4.24。从图 3－35 可以看出，在水驱初期，含水率上升较快，压力梯度先迅速增加又降到了 0.1MPa/m，至水驱结束时，高渗模型采收率达 86.26%，而低渗模型采收率仅 16.77%，说明低渗模型中的大部分原油未被驱替出来。在注入微球乳液过程中，含水率开始下降，而驱替压力开始升高，表明 JCP 型聚合物微球乳液已经产生了封堵作用。后续水驱时，含水率明显下降，而总采收率、低渗模型采收率和压力梯度均明显升高，至后续水驱结束时，高渗模型采收率仅增加了 0.78%，而低渗模型采收率增加了 63.46%，最终总采收率达 90.92%，对比高渗模型和低渗模型采收率增加值可以看出，交联比为 1：100 的 JCP 型聚合物微球乳液能够产生明显的封堵作用，从而启动了低渗模型中的原油，扩大了对低渗模型中原油的波及体积，提高了原油总采收率，控水增油效果明显。

在并联非均质物理模型中，注入 0.3PV 交联比为 2：100 的 JCP 型聚合物微球乳液，其中高渗模型渗透率为 0.85μm²，低渗模型渗透率为 0.22μm²，渗透率级差为 3.86。从图 3－36 可以看出，在水驱初期，总采收率增幅较大，当注入流体孔隙体积倍数超过 0.5PV 以后，总采收率增幅减缓，水驱结束时，总采收率为 53.87%。注入微球乳液之后，含水率开始下降，最低值达 84%；低渗模型采收率增幅明显变大，后续水驱使低渗模型采收率增加了 41.70%，最终总采收率达 83.78%。说明注入交联比为 2：100 的 JCP 型聚合物微球乳液能有效降低含水率、扩大了对低渗模型中原油的波及体积、迅速提高低渗模型的采收率。驱替过程中，压力梯度在水驱初期达到最大值，之后随着注入孔隙体积倍数的增大，一直保持在 0.08～0.10MPa/m 之间，注入 JCP 型聚合物微球乳液并没有引起注入压力波动，证明了 JCP 型聚合物微球乳液具有良好的注入性。

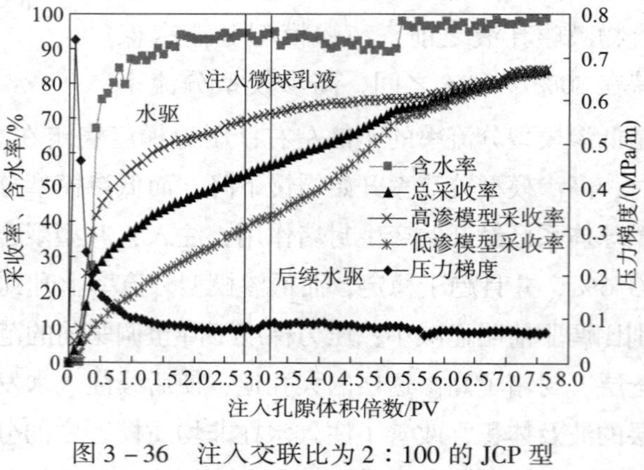

图 3－36 注入交联比为 2：100 的 JCP 型聚合物微球乳液开采效果

图 3－37 是注入 0.3PV 交联比为 4：100 的 JCP 型聚合物微球乳液后的开采效果，高渗模型渗透率为 0.87μm²，低渗模型渗透率为 0.21μm²，渗透率级差为 4.14。从图 3－37 可以

看出，随着注入流体孔隙体积倍数的增大，压力梯度先升高后又迅速降低，最终稳定在0.05MPa/m；水驱油结束时，高渗模型采收率为78.04%，低渗模型采收率也达76.46%。后续水驱结束时，低渗模型采收率增加了15.69%，为高渗模型采收率增加值(6.81%)的2.3倍，最终总采收率达90.37%。对比图3-35、图3-36可以看出，在相同的注入量下，以及增大了JCP型聚合物微球乳液的交联比之后，低渗模型的采收率增加幅度并不大。

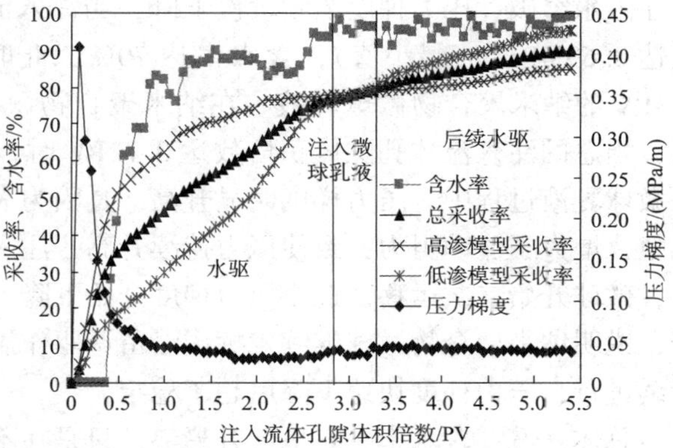

图3-37　注入交联比为4∶100的JCP型聚合物微球乳液开采效果

对比3种交联比的JCP型聚合物微球乳液的驱油效果可以看出，JCP型聚合物微球乳液交联比越大，非均质模型中的低渗透层采收率提高效果越差。因此，最终确定采用交联比为1∶100的JCP型聚合物微球乳液进行后续物理模拟实验。

四、优选微球粒径

1. 不同粒径微球的调驱效果

为了确定最佳的聚合物微球粒径，给接下来控制粒径改变其他变量的参数优选实验奠定基础，采用与鄂尔多斯盆地低渗透油藏储层物性特征接近的人造岩心进行物理模拟实验，人造岩心物性参数如表3-6所示。将饱和油之后的岩心进行并联连接，先进行水驱，然后向3组并联岩心中分别注入粒径为100nm、800nm、5000nm的聚合物微球乳液，注入浓度为2000mg/L，注入流体孔隙体积倍数为0.3PV，开采效果如图3-38～图3-40所示。从表3-6可以看出，并联岩心的渗透率级差控制在2～3之间，高渗透层渗透率不超过$350\times10^{-3}\mu m^2$，低渗透层渗透率不低于$58\times10^{-3}\mu m^2$。

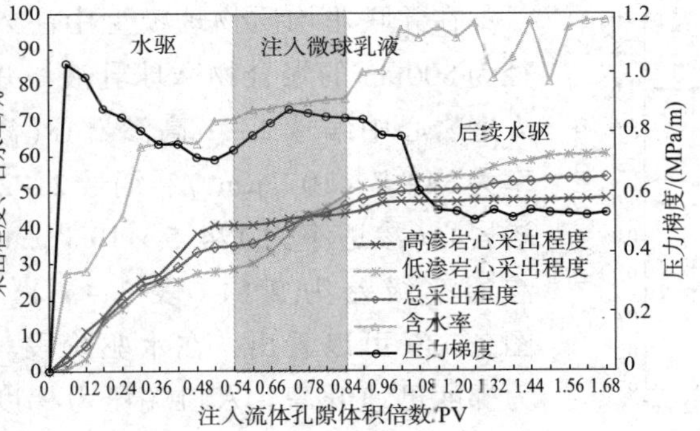

图3-38　注入粒径为100nm的聚合物微球乳液开采效果

在并联非均质物理模型中注入粒径为100nm的聚合物微球乳液，并联人造岩心中编号1-1高渗岩心(渗透率为$278.1\times10^{-3}\mu m^2$)、编号1-2低渗岩心(渗透率为$122.6\times10^{-3}\mu m^2$)，渗透率级差为2.27(表3-6)。从图3-38可以看出，因存在启动压力梯度，在水驱开始阶段，入口压力梯度快速升高至1.2MPa/m，当高渗模型计量筒中见水即高渗岩心中注入水突破以后，压力梯度匀速下降。当注入流体孔隙体积倍数为0.36PV时，低渗岩心中注入水突破，压力梯度继续缓慢下降，当注入流体孔隙体积倍数达 0.54PV 时，压力梯度达 0.69MPa/m(最小值)，含水率达 70%，此时含水率基本趋于稳定，然后开始注入 0.3PV 的纳米聚合物微球乳液。在纳米聚合物微球乳液注入阶段，压力梯度开始明显升高，当总的注入流体孔隙体积倍数达 0.72PV 时，压力梯度达0.86MPa/m(最大值)。在注入微球乳液过程中，压力梯度明显升高，是因为大量聚合物微球进入高渗岩心封堵了岩心孔隙，增大了流动阻力，致使压力持续升高，注入压力升高至超过封堵形成的渗流阻力之后，微球开始二次运移，造成压力梯度开始下降。后续水驱开始时，压力梯度出现小幅下降，说明纳米聚合物微球继续发挥了滞留调驱作用，压力梯度无明显波动；随着后续水驱持续进行，压力梯度快速下降后趋于稳定。

总体来看，含水率一直呈上升趋势，只是在不同驱替阶段，含水率的变化幅度有一定差别。在注入聚合物微球乳液前，含水率增长速度最快，说明注入水沿着高渗岩心突进，形成水流优势通道；在注入聚合物微球乳液过程中，由于微球在高渗岩心中产生了封堵作用，驱替流体的流动阻力增大、波及体积增大，低渗岩心产油量增大，含水率增速明显减缓，仅增长 5.20%，说明水窜现象得到有效抑制。在后续水驱阶段，微球运移至岩心深部，吸附、沉积、滞留的微球数量基本稳定，此时，含水率呈上升趋势，达95.3%，由于聚合物微球在岩心内部的运移封堵，含水率出现波动。

3 条采出程度[1]曲线总体上呈上升趋势。高渗岩心在注入聚合物微球乳液后，采出程度趋于稳定，采出程度增加了 7.6%。低渗岩心在注入聚合物微球乳液后，采出程度增加了 32.8%，其中后续水驱阶段采出程度增加了 17.06%，并在 0.78PV 时超过高渗岩心采出程度，且增幅远远超过了高渗岩心的采出程度增幅，低渗岩心最终采出程度达60.6%，高于高渗岩心采出程度(48.3%)，说明 JCP 型聚合物微球乳液的封堵作用明显。

综上所述，在注入 JCP100 聚合物微球乳液期间，压力梯度上升明显，含水率上升趋势得到有效抑制，低渗透层采出程度明显提高，说明聚合物微球实现了有效封堵。低渗透层采出程度维持一定增长速度，说明粒径为 100nm 的 JCP 型聚合物微球与地层性质相匹配，能够进行持续的深度调驱。

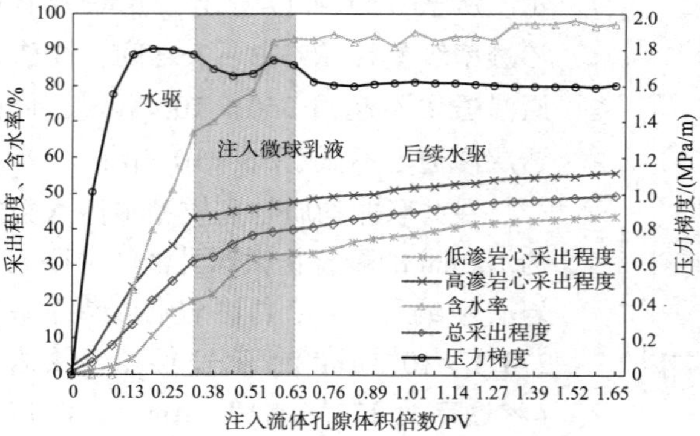

图 3－39　注入粒径为 800nm 的聚合物微球乳液开采效果

在并联非均质物理模型中注入粒径为 800nm 的聚合物微球乳液，并联人造岩心中编号 2－1 高渗岩心（渗透率为 $349.7\times10^{-3}\mu m^2$）、编号 2－2 低渗岩心（渗透率为 $124.5\times10^{-3}\mu m^2$），渗透率级差为 2.81（表 3－6）。从图 3－39 可以看出，在水驱阶段，压力梯度迅速升高，入口端压力梯度在注入流体孔隙体积倍数为 0.19PV 时达 1.76MPa/m(最大值)。当高渗岩心注入

[1] 本书中采出程度、采收率均可作为采出效果的评价指标，二者常用背景略有不同，前者偏向于实验，后者偏向于实践，为了使实验与实践相结合，本书不做区分。

水突破之后，入口端压力梯度开始缓慢下降。当注入流体孔隙体积倍数为 0. 27PV 时，开始注入 0. 3PV 聚合物微球乳液，压力梯度从缓慢降低的趋势转变为小幅升高，说明微球产生了封堵作用，但储层渗流阻力增大的效果并不显著。后续水驱阶段，压力先下降，然后稳定在 1. 60MPa/m 左右。

含水率曲线一直处于上升趋势，包括在注入聚合物微球乳液的过程中，含水率依然在持续增大。含水率的变化规律表明，由于高渗透层没有被封堵，注入微球乳液前后含水率的升高趋势没有被抑制，仍然存在水窜现象；在注入聚合物微球乳液之后，含水率稳定了一段时间，之后又开始升高。

在注入聚合物微球乳液过程中，高渗透层采出程度仅增加了 5. 0%；低渗透层采出程度增加了 13. 5%。在后续水驱过程中，高渗透层采出程度增加了 7. 2%，低渗透层采出程度增加了 10. 2%。因为高渗透层水窜现象未被抑制，高渗透层采出程度在注入聚合物微球乳液前后没有明显变化。

综上分析，800nm 粒径聚合物微球的封堵效果没有 100nm 粒径聚合物微球封堵效果明显，说明 800nm 粒径聚合物微球与地层物性不匹配，无法封堵水窜层，更无法实现深部运移调驱。

在并联非均质物理模型中注入粒径为 5000nm 的聚合物微球乳液，并联人造岩心中编号3－1高渗岩心（渗透率为 146. 2 × 10^{-3} μm^2）、编号 3－2 低渗岩心（渗透率为 58. 3 × 10^{-3} μm^2），渗透率级差为 2. 51（表3－6）。从图3－40可以看出，因为该组岩心渗透率较低，微球粒径较大，水驱阶段入口端压力梯度增速较快，在注入流体孔隙体积倍数在 0 ~ 0. 12PV 之间时，由于存在启动压力梯度，压力梯度迅速升高了 1. 35MPa/m，高渗透层注入水突破之后，注入压力梯度迅速降低。注入聚合物微球乳液阶段，微球粒径较大，导致注入压力梯度大幅升高至 1. 38MPa/m。后续水驱阶段，压力梯度骤降，但最终趋于平稳，对于这种压力梯度骤降现象我们将在后文中重点分析。

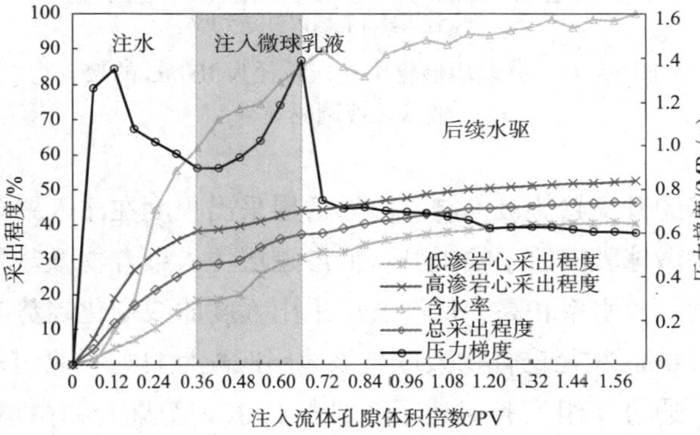

图 3－40　注入粒径为 5000nm 的聚合物微球乳液开采效果

含水率在注入聚合物微球乳液期间呈上升趋势并伴有明显波动，小粒径微球在孔喉中不规则运移导致含水率的波动；在后续水驱阶段，当这些少量聚合物微球完全封堵并固定在孔喉中时，含水率开始持续增大。

因少量小粒径微球具有一定的封堵作用，低渗透层采出程度在注入聚合物微球乳液期间增速变快，最终达 40. 3%。但是整体来看，大粒径微球提高采出程度的效果较差，反映出大粒径聚合物微球在低渗透油藏中并不适用。

综上分析，5000nm 粒径聚合物微球与地层孔隙性质匹配性较差，虽然有微弱的封堵能力，但驱油能力弱且无法实现深部运移。

如图3－38、图3－39所示，在注入聚合物微球乳液过程中，低渗透层采出程度都有小幅升高，这是因为聚合物微球乳液中并不只有单一尺寸的微球，微球粒径分布与正态分布和韦伯分布特征基本相似，在800nm、5000nm粒径的聚合物微球乳液中含有少量的较小粒径微球，能够实现较小程度的封堵，但是不足以充分封堵孔喉。

为明确100nm粒径聚合物微球的调驱效果，选用同层均质性更强的填砂管进行实验，并联填砂管中注入粒径为100nm的聚合物微球乳液调驱效果如图3－41所示。

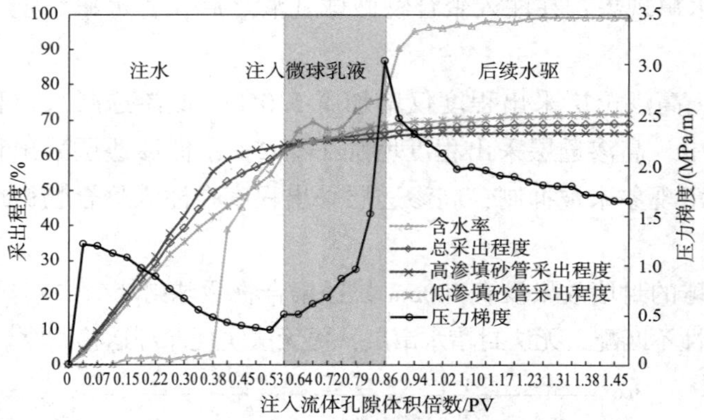

图3－41　并联填砂管中注入粒径为100nm的聚合物微球乳液调驱效果

由图3－41可以看出，因填砂管初始渗流阻力小，启动压力梯度达1.12MPa/m后降低；在注入聚合物微球乳液期间，因渗流阻力明显增大，封堵效果好，压力梯度快速升高至3.15MPa/m；在后续水驱阶段，开始下降并伴有波动，说明聚合物微球可以实现深部运移。当注入流体孔隙体积倍数为0.72PV时，含水率下降至67.2%，说明因聚合物微球的有效封堵，使含水率在注入微球乳液期间的升高趋势被抑制。高渗透层采出程度在注入聚合物微球乳液前稳定在62.1%，注入聚合物微球乳液后小幅提升；低渗透层注入聚合物微球乳液后，采出程度上升至71.8%。压力梯度、含水率和高、低渗透层采出程度曲线变化趋势与第1组岩心实验基本相同，进而验证了100nm粒径聚合物微球与该地层匹配性良好、具有较好的调驱效果这一特性。

通过4组实验对比了3种粒径JCP型聚合物微球的调驱效果，得到的采出程度数据如表3－7所示。

表3－7　注入不同粒径JCP型聚合物微球的采出程度

组　序	编　号	微球粒径/nm	注入微球乳液浓度/(mg/L)	注入微球乳液量/PV	采出程度/%		
					水驱	化学驱	后续水驱
1	1－1(高渗)	100	2000	0.3	40.6	2.4	5.2
	1－2(低渗)				27.8	15.7	17.1
2	2－1(高渗)	800	2000	0.3	43.6	5.0	7.2
	2－2(低渗)				20.0	13.5	10.2
3	3－1(高渗)	5000	2000	0.3	38.3	5.8	8.3
	3－2(低渗)				18.2	12.3	9.7
4	SP－5(高渗)	100	2000	0.3	62.1	2.8	1.5
	SP－6(低渗)				54.6	14.0	3.2

分析表3-7中的数据，可以得到以下认识：

在注入聚合物微球乳液阶段，低渗透层注入100nm粒径聚合物微球乳液后，采出程度提高了15.7%；高渗透层注入100nm粒径聚合物微球乳液时，采出程度最低，降低至2.4%。综合高渗透层与低渗透层采出程度可得，在注入聚合物微球乳液期间，100nm粒径聚合物微球封堵高渗透层能力与驱替低渗透层能力最强。

在后续水驱阶段，100nm粒径聚合物微球对低渗透层的驱替效果最为突出，升高了17.1%，并且对高渗透层水窜封堵最强，降低至5.2%。说明100nm粒径聚合物微球能够进行多次运移、深部封堵、多级调剖。

注入100nm粒径聚合物微球累计采出程度最高，低渗透层达60.6%，高渗透层达48.2%。

综合以上分析，100nm粒径聚合物微球能够有效封堵高渗透层，在低渗透层能够高效驱油，且在后续水驱阶段能够进行深部运移。说明100nm粒径聚合物微球与孔隙匹配性好，能够达到提高采出程度的目的。

2. 注入5000nm聚合物微球后续水驱压力异常分析

在微球尺度与地层孔隙相匹配的情况下，后续水驱会使压力梯度出现一定程度的升高或因聚合物微球深部运移压力小幅波动。在注入5000nm粒径聚合物微球的物理模拟实验后续水驱阶段，注入流体孔隙体积倍数为0.66～0.72PV，压力梯度由1.38MPa/m迅速降低至0.71MPa/m，将从颗粒性质、几何约束、运移规律方面分析5000nm粒径聚合物微球发生该异常现象的原因。

聚合物微球进入地层孔喉需要满足以下几个几何约束条件：

(1)如图3-42(a)所示，满足$r_{微球}<r_{孔喉}$条件时，聚合物微球直接进入孔喉。

(2)如图3-42(b)所示，$r_{孔喉}<r_{微球}<1.42r_{孔喉}$时，聚合物微球在压力作用下发生弹性变形，变形至满足$r_{微球}<r_{孔喉}$条件时，聚合物微球可进入孔喉。

(3)如图3-42(c)所示，$r_{微球}\gg1.42r_{孔喉}$时，聚合物微球在孔喉入口段聚集，无法进入孔喉。

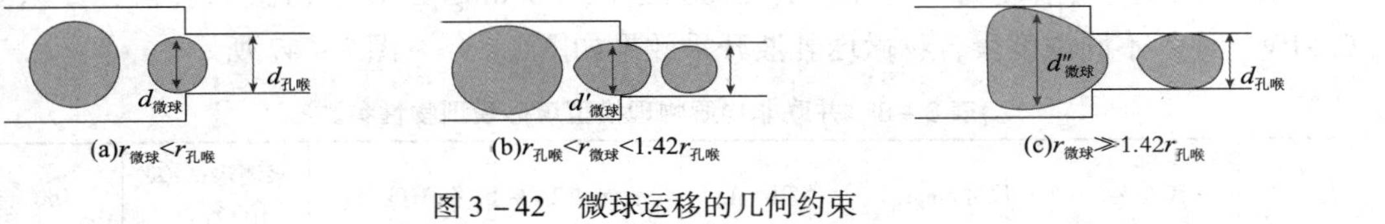

图3-42　微球运移的几何约束

渗透率、孔隙度与岩石平均孔喉半径的关系如式(3-4)所示：

$$r=\sqrt{\frac{8K}{\phi}} \tag{3-4}$$

式中　K——岩石渗透率，$10^{-3}\mu m^2$；

ϕ——岩石孔隙度，小数；

r——岩石平均孔喉半径，μm。

由式(3-4)求得：5000nm粒径聚合物微球半径与高、低渗透层孔喉半径之比分别为

5.1、8.2，1.42 为聚合物微球可运移进入孔喉的最大半径极限比，5000nm 粒径聚合物微球半径与高、低渗透层孔喉半径之比都远大于 1.42，所以 5000nm 粒径聚合物微球不能进入地层孔喉，而是会在孔喉入口端聚集。

从聚合物微球运移规律进行分析，将岩心中的孔喉近似为毛管，如图 3-43(a)所示，满足几何约束条件的聚合物微球进入孔隙。如图 3-43(b)所示，不满足约束条件的聚合物微球在压力作用下在孔隙入口处紧密聚集，引起压力进一步增大。在停泵进行聚合物微球老化膨胀期间，进入大孔隙中的聚合物微球不受外来压力影响，且有足够的空间分散，分散后的聚合物微球对流体的阻流能力较小。如图 3-44 所示，聚合物微球随着膨胀时间增长，其表观黏度及黏弹性下降后趋于稳定，此时弹塑性变形微弱的聚合物微球可类比岩石颗粒，颗粒体积越大，允许流体运移的孔隙体积越大，渗流能力越强。如图 3-43(c)所示，当开泵进行后续水驱时，流体进入后沿着大粒径微球之间的渗流优势通道流动，甚至可以将聚合物微球驱散，持续的地层水注入，使通道渗流优势更加显著，造成压力骤降。

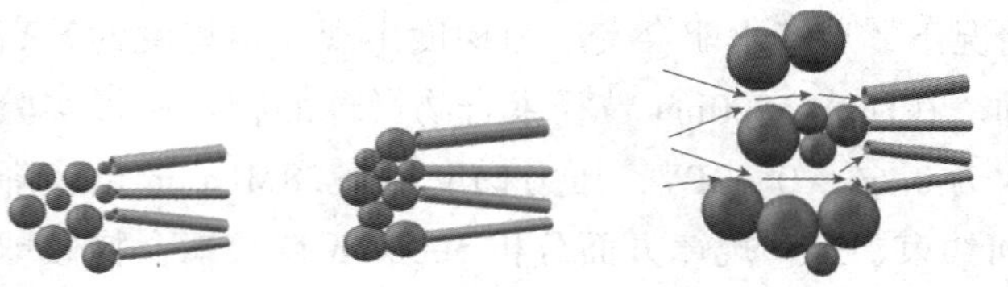

(a)注入时微球运移　(b)注入后微球聚集　(c)后续水驱时微球分散

图 3-43　5000nm 粒径聚合物微球聚集及运移

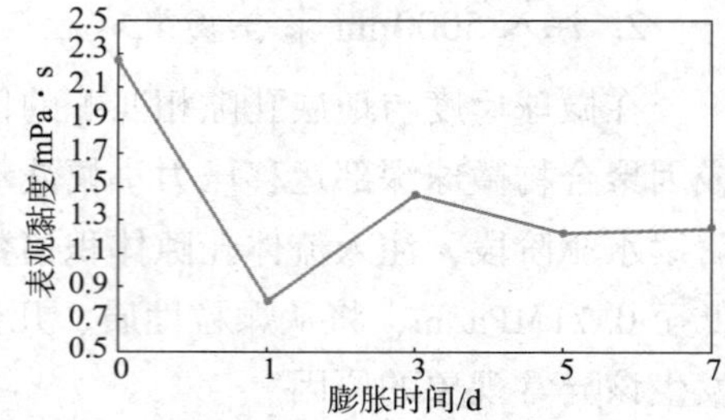

图 3-44　膨胀时间对表观黏度的影响

五、优选浓度和注入量

1. 注入浓度优选

在并联非均质物理模型中，注入 JCP100 聚合物微球乳液，填砂模型物性参数如表 3-8 所示。分别注入浓度为 1000mg/L、2000mg/L、3000mg/L 聚合物微球乳液，注入量为 0.3PV。注入不同浓度聚合物微球乳液开采效果如图 3-45～图 3-47 所示。

表 3-8　并联非均质物理模型填砂模型物性参数

组　数	编　号	尺寸/mm	体积/mL	含油饱和度/%	孔隙度/%	水测渗透率/$10^{-3}\mu m^2$	级　差
1	高渗	长度：1000 内径：25	490.87	61.81	28.72	514.36	3.48
	低渗					147.61	
2	高渗			66.22	31.37	575.38	3.37
	低渗					170.60	
3	高渗			68.99	27.71	180.25	4.38
	低渗					41.15	

从图 3－45 可以看出，入口端注入压力梯度总体上呈先上升后下降最后趋于平缓的趋势。在初始阶段，存在启动压力梯度，压力上升速度很快，随着驱替不断进行，高渗透层注入水突破之后，压力梯度快速下降，在注入流体孔隙体积倍数 0. 34PV、含水率达 83. 02%时，开始注入 0. 3PV、1000mg/L 聚合物微球乳液，聚合物微球乳液的注入使得入口端压力梯度大幅增加，在整个注入聚合物微球乳液的过程中，压力梯度基本稳定，说明注入聚合物微球乳液有效封堵了高渗透层，储层渗流阻力增加，在 0. 68PV 处停止注入聚合物微球乳液。在后续水驱阶段，注入压力梯度明显降低且保持稳定，说明聚合物微球运移至模型深部并均匀分布，持续产生调驱效果。

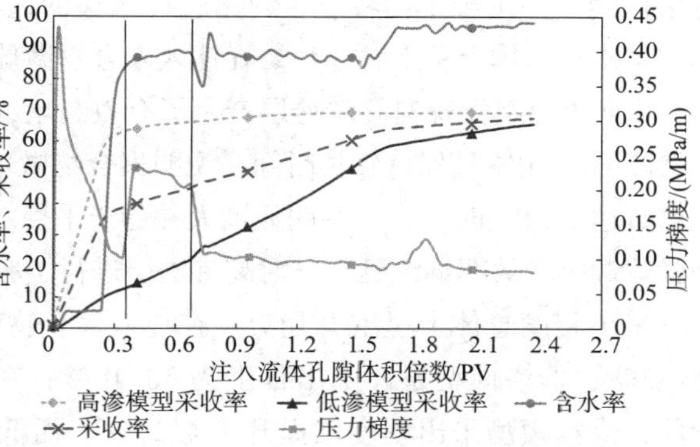

图 3－45　注入 1000mg/L 聚合物微球乳液开采效果

含水率总体上呈上升趋势。在注入聚合物微球乳液过程中，含水率在 77% ~89% 之间且比较稳定，说明聚合物微球对高渗透层产生了有效封堵，控水作用得以显现。当注入流体孔隙体积倍数达 1. 6PV 时，含水率明显增加并趋于平稳。含水率在后续水驱阶段长时间保持在 90% 左右，说明聚合物微球调驱有效期相对较长，对高渗透层进行了有效封堵，并保持了一定的稳定性。

采出程度总体上呈上升趋势。在注入聚合物微球乳液前，高渗模型的累计采出程度已达 63. 02%，低渗模型的累计采出程度为 12. 65%；在注入 0. 3PV、1000mg/L 的聚合物微球乳液阶段，高渗模型采出程度仅提升了 3. 11%，而低渗模型采出程度提升了 9. 49%；在后续水驱阶段，高渗模型采出程度为 3. 02%，低渗模型采出程度为 43. 78%；最终高渗模型累计采出程度达 69. 15%，低渗模型累计采出程度为 65. 92%。低渗模型采出程度增加值(53. 27%)是高渗模型采出程度增加值(6. 13%)的 8. 69 倍，最终总采出程度为 67. 60%。对比高、低渗模型采出程度增加值可以看出，该浓度聚合物微球乳液的控水增油效果较好。

从图 3－46 可以看出，入口端压力梯度总体上呈先迅速上升后又快速下降最终趋于平稳的趋势。在初始阶段，存在启动压力梯度，压力升高很快，随着驱替不断进行，高渗透层注入水突破之后，压力梯度快速下降；在注入流体孔隙体积倍数 0. 54PV、含水率达 81. 37% 时，开始注入 2000mg/L 聚合物微球乳液 0. 3PV，在注入聚合物微球乳液过程中，入口端压力梯度出现小幅增大，说明聚合物微球产生了较好的调驱封堵作用，在 0. 87PV 处停止注入聚合物微球乳液；在后续水驱阶段，入口压力总体上呈缓慢下降趋势，并伴随着波动，说明 JCP100 聚合物微球乳液注入后，产生了

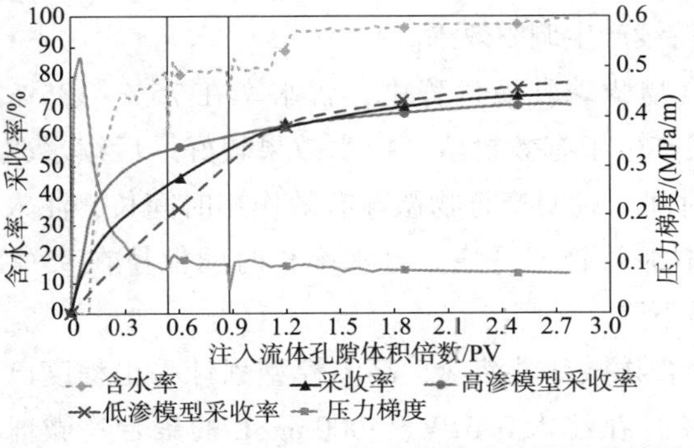

图 3－46　注入 2000mg/L 聚合物微球乳液开采效果

封堵作用，并出现了运移、再封堵、再运移的过程。

含水率总体上呈上升趋势。在注入聚合物微球乳液过程中，含水率在80%左右且比较稳定，说明聚合物微球对高渗透层产生了有效封堵，控水作用明显。后续水驱开始后，含水率依然能够在80%且保持较长时间，说明聚合物微球作用有效期相对较长，当注入流体孔隙体积倍数达1.3PV时，含水率明显增大并趋于平稳。含水率长时间保持在90%左右，说明聚合物微球调驱有效期继续延长，对高渗透层进行了有效封堵，并保持了一定的稳定性。

采出程度总体上呈上升趋势。在注入聚合物微球乳液前，高渗模型累计采出程度已达55.42%，低渗模型累计采出程度为30.48%；在注入0.3PV、2000mg/L聚合物微球乳液阶段，高渗模型采出程度仅提升了4.27%，而低渗模型采出程度提升了18.05%；在后续水驱阶段，高渗模型采出程度为10.59%，低渗模型采出程度为27.20%；最终高渗模型累计采出程度达70.28%，低渗模型累计采出程度为75.73%。低渗模型采出程度增加值(45.25%)是高渗模型采出程度增加值(14.86%)的3.05倍，最终总采出程度为73.00%。对比高、低渗模型采出程度增加值可以看出，该浓度聚合物微球乳液的控水增油效果较好。

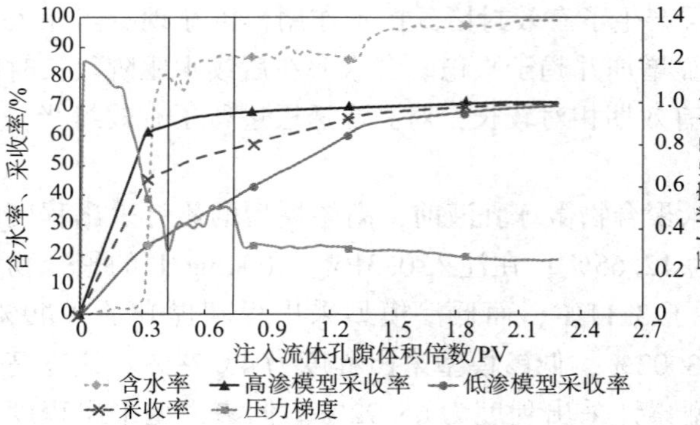

图3－47　注入3000mg/L聚合物微球乳液开采效果

从图3－47可以看出，入口端注入压力梯度总体上呈先上升后下降最后趋于平缓的趋势。在初始阶段，存在启动压力梯度，压力上升速度很快，随着驱替不断进行，高渗透层注入水突破之后，压力梯度快速下降，在注入流体孔隙体积倍数0.42PV、含水率达80.45%时，开始注入3000mg/L聚合物微球乳液0.3PV，聚合物微球乳液的注入使得入口端压力梯度明显增大，在整个注入聚合物微球乳液的过程中，压力梯度出现第二次增大，说明注入聚合物微球乳液之后有效封堵了高渗透层，储层渗流阻力增加，在0.74PV处停止注入聚合物微球乳液。在后续水驱阶段，注入压力梯度降低但保持在相对较高水平，说明聚合物微球运移至模型深部并均匀分布，持续产生调驱效果。

含水率总体上呈上升趋势。在注入聚合物微球乳液过程中，含水率在75%～85%之间，比较稳定，说明聚合物微球对高渗透层产生了有效封堵，控水效果较好。后续水驱开始后，含水率依然能够在85%且保持较长时间，说明聚合物微球有效作用时间长，注入流体孔隙体积倍数达1.5PV时，含水率明显增加并趋于平稳。含水率长时间保持在95%左右，说明聚合物微球调驱后期控水效果明显下降。

采出程度总体上呈上升趋势。在注入聚合物微球乳液前，高渗模型累计采出程度已达63.85%，低渗模型累计采出程度为26.79%；在注入0.3PV、3000mg/L的聚合物微球乳液阶段，高渗模型采出程度仅提升了4.13%，而低渗模型采出程度提升了12.18%；在后续水驱阶段，高渗模型采出程度为3.67%，低渗模型采出程度为31.41%；最终高渗模型累计采出程度达71.65%，低渗模型累计采出程度为70.38%。低渗模型采出程度增加值(43.59%)是高渗模型采出程度增加值(7.80%)的5.59倍，最终总采出程度为71.12%。对比高、低渗模型采出程度增加值可以看出，该浓度聚合物微球乳液的控水增油效果较好。

三种浓度下聚合物微球乳液开采效果的定量数据如表3－9所示。

表3－9　三种浓度下聚合物微球乳液开采效果的定量数据

组　数	编　号	注入微球乳液浓度/(mg/L)	微球粒径/nm	注入微球乳液量/PV	采出程度/%		
					水驱	注微球	后续水驱
1	高渗	1000	JCP100	0.3	63.02	3.11	3.02
	低渗				12.65	9.49	43.78
2	高渗	2000			55.42	4.27	10.59
	低渗				30.48	18.05	27.20
3	高渗	3000			63.85	4.13	3.67
	低渗				26.79	12.18	31.41

将三种浓度聚合物微球乳液调驱效果进行对比，结果如图3－48所示。从图中可以看出，注入2000mg/L聚合物微球乳液总采收率＞注入3000mg/L聚合物微球乳液总采收率＞注入1000mg/L聚合物微球乳液总采收率，即73.00%＞71.12%＞67.60%。因此，从最终采收率角度评价，2000mg/L聚合物微球乳液调驱效果最好。

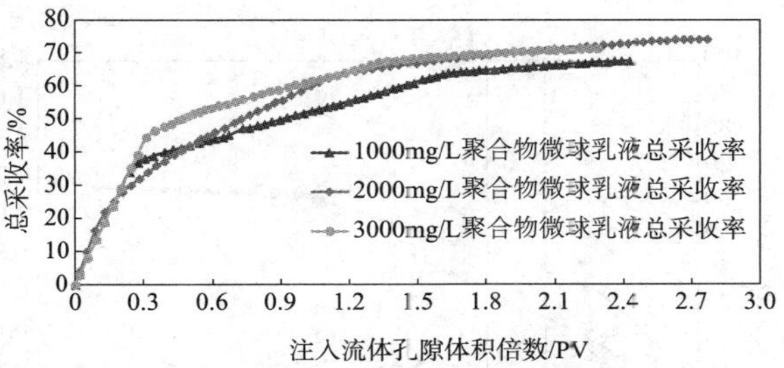

图3－48　注入不同浓度聚合物微球乳液调驱效果

对比三种浓度聚合物微球乳液的调驱效果，可以看出含水率、压力梯度、采收率的变化趋势具有一定的相似性。

从压力梯度变化规律可以看出，三种浓度的聚合物微球乳液均产生了封堵作用；从含水率变化规律可以看出，三种浓度的聚合物微球乳液均能够有效降低含水率，而且高浓度的聚合物微球乳液控水时间相对较长，说明JCP100聚合物微球乳液调驱作用有效期长，三种浓度的聚合物微球乳液控水效果差异不大；从最主要的提高采收率效果及微球作用有效期来看，2000mg/L和3000mg/L聚合物微球乳液提高采收率效果相似，在这两种浓度下作用有效期长，它们提高低渗模型采收率的能力明显优于1000mg/L聚合物微球。从含水率、采出程度增加值、作用有效期三项指标进行分析，2000mg/L和3000mg/L聚合物微球乳液均可被采用，但是随着乳液浓度增大，注入成本越来越高。因此，在考虑调驱效果和经济成本的基础上，优选2000mg/L作为JCP100聚合物微球乳液的最佳注入浓度。

2. 注入量优选

利用并联非均质物理模型完成了微球注入量优选实验，并联非均质物理模型填砂模型性质如表3－10所示。在优选出最佳注入浓度2000mg/L的基础上，对比研究的3个注入量分别是0.2PV、0.3PV、0.4PV。注入不同量的JCP型聚合物微球乳液后的开采效果如图3－49～图3－51所示。

表3－10 并联非均质物理模型填砂模型性质

组数	编号	含油饱和度/%	孔隙度/%	水测渗透率/$10^{-3}\mu m^2$	级差
1	高渗	81.86	27.81	197.37	3.29
	低渗			59.98	
2	高渗	61.81	28.73	514.36	3.48
	低渗			147.61	
3	高渗	63.79	28.93	180.60	3.31
	低渗			54.57	

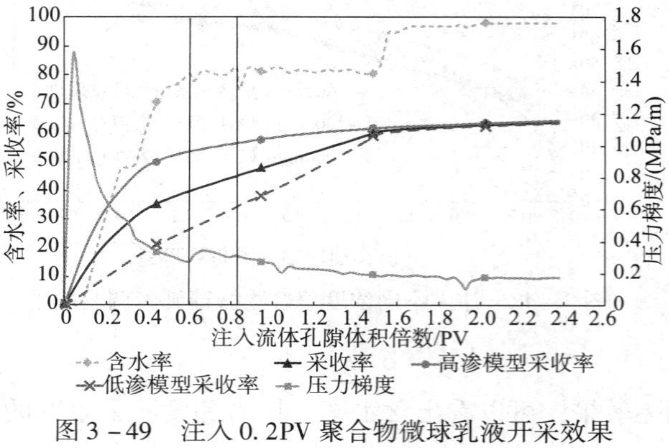

图3－49 注入0.2PV聚合物微球乳液开采效果

从图3－49可以看出，入口端注入压力梯度总体上呈先上升后下降的趋势。因为低渗透油藏存在启动压力梯度，水驱开始时压力梯度上升明显，随着高渗模型注入水突破，压力梯度开始迅速下降；在注入流体孔隙体积倍数为0.6PV、含水率达80.39%时，开始注入2000mg/L的聚合物微球乳液0.2PV（模型总孔隙体积为273mL），压力梯度有一定升高，但增幅不大，说明聚合物微球进入高渗透层中对填砂模型产生了封堵作用，但是封堵效果一般，当注入流体孔隙体积达0.82PV时，停止注入聚合物微球乳液；在后续水驱阶段，注入压力缓慢降低之后，一直相对平稳并保持在0.2MPa/m左右。

含水率总体上呈先上升后趋于平稳的趋势。在水驱阶段，含水率上升速度最快；在注入微球乳液阶段，含水率增幅明显降低，在78.00%～84.04%之间持续时间较长，说明聚合物微球产生了较为明显的封堵作用；在后续水驱阶段，聚合物微球进行深部运移，含水率维持在82%左右，随后增长至95%，并趋于稳定。

采收率总体上呈上升趋势，高渗模型在注入量达0.3PV前快速增长，注入聚合物微球乳液后缓慢稳定增长，并在后续水驱阶段趋于稳定，说明注入聚合物微球乳液后微球有效封堵了高渗透层，有效维持了高渗透层的产量。低渗模型采收率一直保持匀速增长，并在注入量达 1.6PV 时，达到最大值并趋于稳定，最终采收率为 63.81%。

从图 3－50 可以看出，压力梯度总体上呈先上升后下降的趋势。因为低渗透油藏存在启动压力梯度，水驱开始时压力梯度上升明显，随着高渗模型注入水突破，注入压力梯度开始迅速下降；注入微球乳液过程中，压力梯度有一定升高，且相对平稳，说明微球进入高渗孔隙并产生了封堵作用；后续水驱阶段注入压力缓慢降低，逐渐平稳。

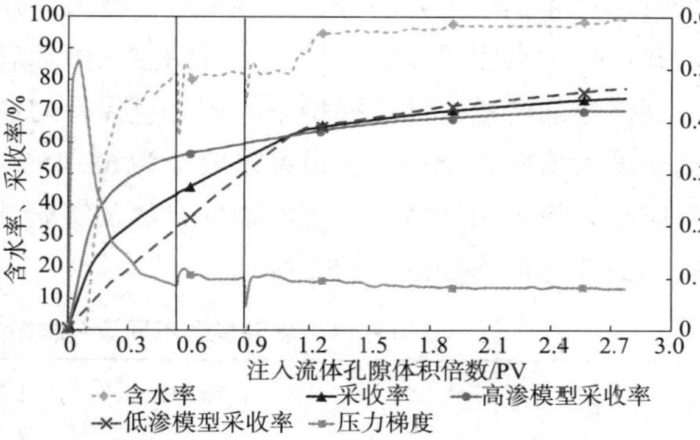

图 3－50 注入 0.3PV 聚合物微球乳液开采效果

含水率总体上呈先上升后趋于平稳的趋势。水驱阶段，含水率上升速度最快；注入微球乳液阶段，含水率增幅明显降低，甚至出现下降，说明微球产生了明显的封堵作用；后续水驱阶段，微球向深部运移，含水率维持在 78.00%～82.24%之间，随后增长至 90%，并趋于稳定。

采收率总体上呈上升趋势，高渗模型在注入量达到 0.2PV 前快速增长，注入微球后缓慢增长，并在后续水驱阶段趋于稳定，说明注入微球乳液后微球有效封堵了高渗透层，有效维持了高渗透层产量。低渗模型采收率一直保持匀速增长，并在注入量达到 1.23PV 时，采收率达到最大值并趋于稳定，最终采收率为 73.01%，说明微球深部运移有效提高了低渗模型的采收率。

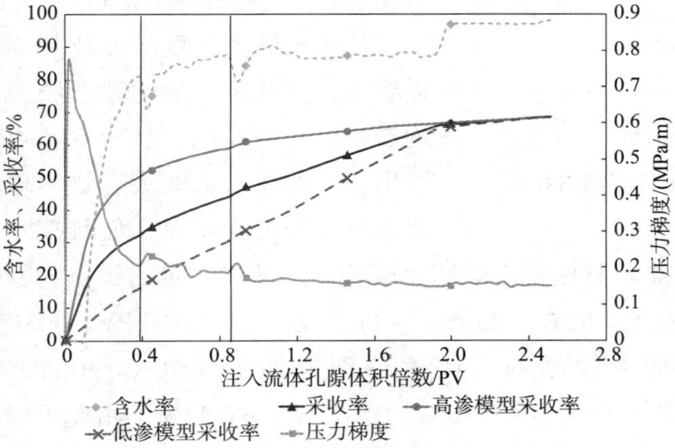

图 3－51 注入 0.4PV 聚合物微球乳液开采效果

从图 3－51 可以看出，入口端注入压力梯度总体上呈先上升后下降的趋势。初始阶段存在启动压力梯度，压力升高很快，随着高渗模型注入水突破，入口压力缓慢降低并逐渐趋于平稳；在注入流体孔隙体积倍数为 0.39PV、含水率达到 80.61%时，开始注入 2000mg/L 聚合物微球乳液 0.3PV(模型总孔隙体积为 284mL)，注入压力开始升高，但随后又开始下降，说明聚合物微球进入高渗透层并产生了一定的封堵作用，但是封堵效果并不理想，在注入量达到 0.80PV 时停止注入聚合物微球乳液；后续水驱阶段注入压力缓慢降低。

含水率总体上呈先上升后趋于平稳的趋势。水驱阶段含水率上升速度最快；注入微球乳液阶段，含水率增幅明显降低，说明微球产生了较为明显的封堵作用；后续水驱阶段，微球向深部运移，含水率长时间维持在85%左右，随后增长至95%，并趋于稳定。

采收率总体上呈上升趋势，高渗模型在注入量达到0.4PV前快速增长，注入微球后缓慢增加并在后续水驱阶段趋于稳定，说明注入微球乳液后微球对高渗透层有效封堵，有效维持了高渗透层产量。低渗模型采收率一直保持匀速增加，并在注入量达到2.0PV时，采收率达到最大值并趋于稳定，最终采收率为68.45%。

不同注入量下填砂模型的基本物性参数及实验结果如表3－11所示，三种注入体积下总采收率的变化规律如图3－52所示。

表3－11　填砂模型不同聚合物微球注入量的采收率

组　数	编　号	注入微球量/PV	微球粒径/nm	注入微球浓度/(mg/L)	采收率/%		
					水驱	注微球	后续水驱
1	高渗	0.2	JCP100	2000	53.64	2.82	7.82
	低渗				26.46	7.70	29.20
2	高渗	0.3			55.42	4.27	10.69
	低渗				30.48	18.05	27.20
3	高渗	0.4			50.34	8.60	9.53
	低渗				16.11	14.32	38.00

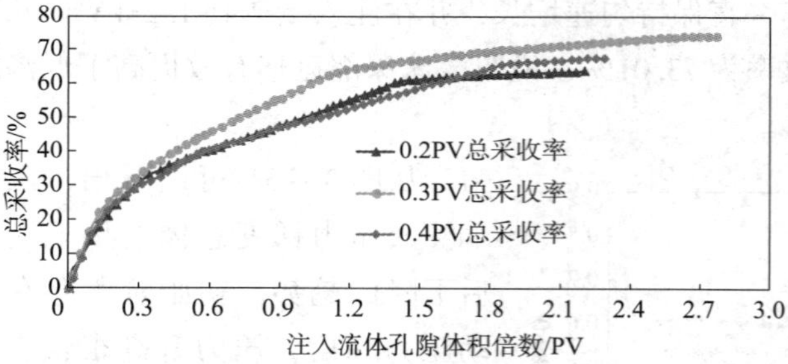

图3－52　注入不同体积聚合物微球乳液调驱效果

结合表3－11和图3－52，对比三种注入量的聚合物微球调驱效果，可以看出，含水率、注入压力梯度、采收率的变化趋势基本相同。

从注入压力梯度的变化规律可以看出，三种注入量的聚合物微球均产生了封堵作用；从含水率可以看出，三种注入量的聚合物微球均能够有效降低含水率，而且控水时间相对较长，说明JCP100聚合物微球调驱作用有效期比较长，三种注入量的聚合物微球控水效果差异不大；从提高采收率效果来看，如表3－11所示，注入0.2PV、0.3PV、0.4PV聚合物微球乳液过程中，低渗模型的采收率分别增加了7.70%、18.05%、14.32%，三种注入体积下的累计采收率分别为63.36%、75.73%、68.43%，由此可以看出，注入0.3PV聚合物微球乳液对低渗模型采收率提高最为明显。综上所述，0.3PV为聚合物微球乳液最佳注入量。

六、优选注入时机

在确定了最佳注入浓度和注入量之后，采用并联物理模型，模型物性参数如表3－12所示，分别在含水率为60%、80%、90%的情况下注入0.3PV、2000mg/L的

JCP100 聚合物微球乳液。不同时机注入聚合物微球乳液开采效果分析如图 3－53～图 3－55 所示。

表 3－12 并联非均质物理模型物性参数

组数	编号	含油饱和度/%	孔隙度/%	水测渗透率/$10^{-3}\mu m^2$	级差
1	高渗	53.93	30.97	1212.61	3.79
	低渗			320.28	
2	高渗	61.81	28.72	514.36	3.48
	低渗			147.61	
3	高渗	63.79	28.93	180.60	3.31
	低渗			54.57	

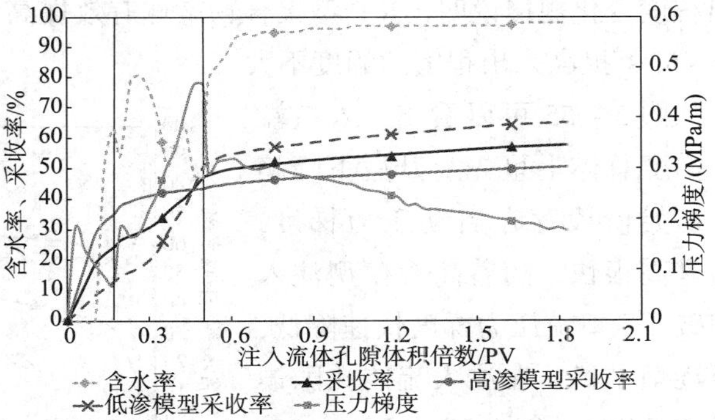

图 3－53 含水率为 60% 时注入聚合物微球乳液开采效果

从图 3－53 可以看出，驱替过程中压力梯度呈先增加后降低的趋势，低渗透油藏存在启动压力梯度，水驱阶段驱替压力明显增大，随着注入流体突破高渗模型，压力梯度迅速下降；当注入流体体积为 0.17PV 时，含水率达到 60.00%，开始注入 0.3PV、2000mg/L 的聚合物微球乳液，注入压力梯度开始增大，压力梯度从 0.12MPa/m 升高到 0.32MPa/m，增幅明显，说明注入的聚合物微球产生了明显的封堵作用，在注入流体体积为 0.49PV 时，停止注入聚合物微球乳液；后续水驱阶段，压力梯度平稳一段时间后开始匀速下降，说明聚合物微球的封堵作用具有一定的时效性。

水驱阶段，含水率逐步升高；注入聚合物微球乳液过程中，含水率明显下降，最低含水率仅为 48.00%，说明注入聚合物微球后产生了明显的封堵高渗透层、启动低渗透层的作用；而在后续水驱阶段，含水率快速上升并趋于稳定。

总采收率总体上呈先上升后趋于平稳的特征。注入聚合物微球时高渗模型采收率为 35.12%，注入聚合物微球之后高渗模型最终采收率为 50.48%，增幅不大；注入聚合物微球时低渗模型采收率仅为 12.75%，注入聚合物微球之后低渗模型最终采收率为 64.88%，增幅很大。说明注入 JCP 型聚合物微球乳液之后，调驱效果明显，油藏最终采收率增幅达到 33.74%，其中低渗透层采收率大幅增加是油藏整体采收率增加的主要原因，最终采收率为 57.50%。

从图 3－54 可以看出，注入压力梯度在水驱阶段先升高后降低，说明水驱阶段高渗模型已经被注入水突破，入口端压力梯度趋于稳定；注入微球乳液过程中，压力梯度出现了

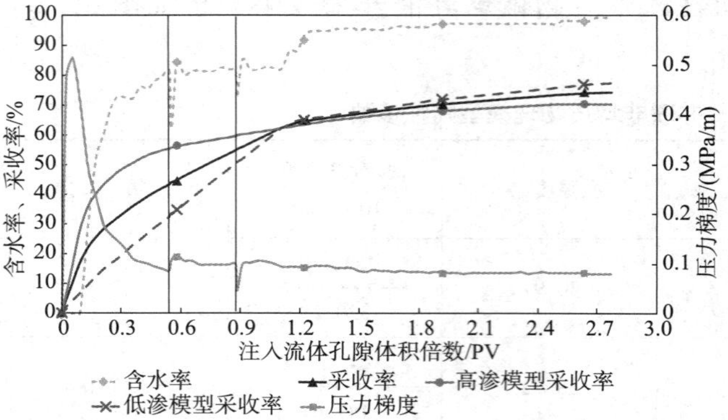

图 3－54　动态含水率为 80% 时注入聚合物微球乳液开采效果

小幅度的上升，说明注入 JCP100 聚合物微球乳液产生了一定的封堵作用；后续水驱阶段，压力梯度平稳下降并最终稳定在 0.08MPa/m。含水率在水驱阶段一直升高；注入微球过程中，含水率增幅明显减缓，并且稳定在 80% 左右，持续较长时间，印证了聚合物微球大量进入高渗模型产生封堵作用的机理；后续水驱阶段，含水率逐步升高。微球调驱之后，低渗模型的采收率明显升高，而高渗模型的采收率增幅不大，高渗、低渗模型的采出程度变化规律说明，JCP 型聚合物微球有效提高了低渗模型的采出程度，但是相比于图 3－53，提高采出程度的幅度不大。

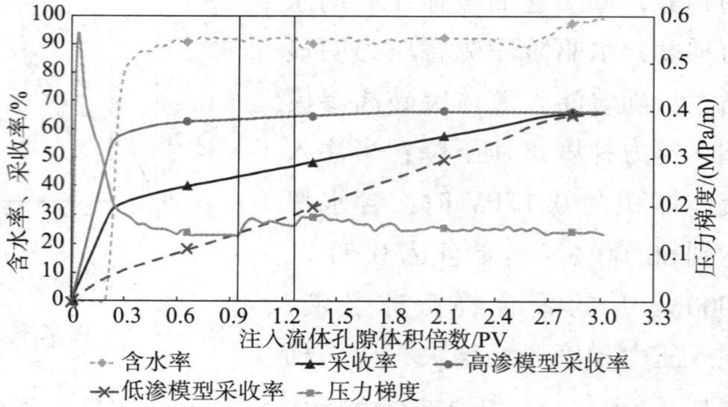

图 3－55　动态含水率为 90% 时注入聚合物微球乳液开采效果

从图 3－55 可以看出，入口端压力梯度总体上呈先上升后下降趋势。初始阶段存在启动压力梯度，压力升高很快，随着高渗模型注入水突破，入口端压力梯度快速降低，直至逐渐平稳；在注入流体孔隙体积为 0.95PV，含水率达到 91.6% 时，开始注入 0.3PV、2000mg/L 的聚合物微球乳液，压力梯度开始增大，但增幅较小，注入流体达到 1.26PV 时，停止注入聚合物微球乳液；后续水驱时入口压力总体上呈缓慢下降趋势，并伴随着波动，这说明 JCP100 聚合物微球乳液被注入物理模型后，实现了封堵、运移、再封堵、再运移。

水驱阶段，含水率一直升高，在注入流体体积达到 0.3PV 以后，含水率基本稳定在 90% 左右；注入微球乳液过程中，含水率也有一定幅度的下降，但下降幅度非常小；后续水驱阶段，含水率在 86.4% ~89.0% 之间且维持了较长时间，说明注入微球乳液后产生了一定的调驱作用，但是调驱效果并不明显。

微球调驱之后，低渗模型的采收率明显提高，而高渗模型的采收率几乎没有增加，高渗、低渗模型的采出程度变化规律说明，JCP 型聚合物微球有效提高了低渗模型的采出程度，最终采收率为 66.07%。

不同注入时机下填砂模型的基本物性参数及调驱实验结果如表 3－13 所示。

表 3－13　不同注入时机下填砂模型的基本物性参数及调驱实验结果

组　数	编　号	含水率/%	注入微球量/PV	微球粒径/nm	注入微球浓度/(mg/L)	采收率/%		
						水驱	注微球	后续水驱
1	高渗	63	0.3	JCP100	2000	35.12	8.33	7.02
1	低渗	63	0.3	JCP100	2000	12.75	37.88	14.25
2	高渗	80	0.3	JCP100	2000	55.42	4.27	10.69
2	低渗	80	0.3	JCP100	2000	30.48	18.05	27.20
3	高渗	92	0.3	JCP100	2000	63.64	1.04	1.67
3	低渗	92	0.3	JCP100	2000	23.80	6.40	35.60

从表 3－13 可以看出，对比三组实验结果，含水率、压力梯度、采收率变化趋势基本相同。

从注入压力梯度的变化规律可以看出，在含水率为 60% 时，较其他两个注入时机注入聚合物微球压力梯度上升明显，且压力波动明显，说明该时机注入微球比其他时机注入封堵效果更明显，且能够向深部运移。从含水率的变化规律可以看出，只有在含水率为 60% 时，注入聚合物微球才能降低含水率，其他两个时机注入微球含水率没有明显变化，说明只有含水率为 60% 时，注入聚合物微球才能驱替低渗透层，封堵高渗透层，从而提高采收率。从提高采收率效果可以看出，低渗模型渗透率在含水率为 60% 时注入聚合物微球后，采收率比水驱增加了 39.4%。而低渗模型采收率在含水率为 80%、90% 时注入聚合物微球后，采收率比水驱阶段分别增加了 14.8%、18.2%。对比可以看出，只有在含水率为 60% 时，注入聚合物微球才能够有效提高低渗透层的采收率。

综上所述，含水率为 60% 时是注入聚合物微球的最佳时机。

七、优选渗透率级差

分别在 8 种不同渗透率级差岩心中注入 0.3PV、2000mg/L 的 JCP100 聚合物微球乳液，研究在不同渗透率级差的岩心中，JCP100 聚合物微球的调驱效果。8 组并联非均质物理模型物性参数如表 3－14 所示，8 组实验的调驱开采效果如图 3－56～图 3－63 所示。

表 3－14　并联非均质物理模型物性参数

组　数	编　号	孔隙度/%	含油饱和度/%	水测渗透率/$10^{-3}\mu m^2$	级　差
1	高渗	26.89	73.41	1697.65	32.50
1	低渗	26.89	73.41	52.24	32.50
2	高渗	26.40	68.21	388.48	7.44
2	低渗	26.40	68.21	52.24	7.44
3	高渗	26.38	74.8	373.03	5.33
3	低渗	26.38	74.8	70.00	5.33

续表

组　数	编　号	孔隙度/%	含油饱和度/%	水测渗透率/$10^{-3}\mu m^2$	级　差
4	高渗	27.71	68.99	180.25	4.38
	低渗			41.15	
5	高渗	31.37	66.22	575.38	3.37
	低渗			170.60	
6	高渗	27.51	75.14	150.88	2.24
	低渗			67.49	
7	高渗	30.97	74.34	191.83	1.47
	低渗			130.44	
8	高渗	31.65	69.3	900.61	1.41
	低渗			639.42	

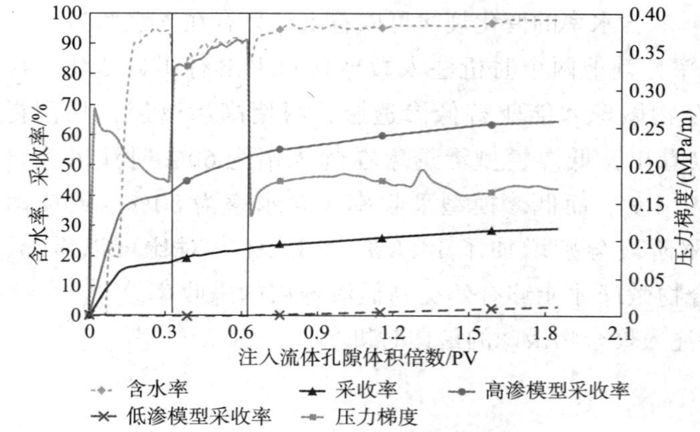

图 3－56　渗透率级差 32.50 时调驱开采效果

从图 3－56 可以看出，因为存在启动压力梯度，前期水驱阶段出现压力骤增现象，当高渗模型发生注入水突破之后，注入压力梯度快速下降，下降之后稳定在 0.18MPa/m；开始注入微球时，压力梯度快速上升至 0.33MPa/m，而且在整个注入微球过程中，压力梯度一直稳步上升，分析认为注入的聚合物微球产生了较好的封堵作用，导致高渗模型中渗流阻力增大；当停止注入聚合物微球，开始进行后续水驱时，压力梯度立刻下降，后续水驱过程中压力梯度基本稳定在 0.18MPa/m 左右并缓慢下降，有一定波动。

含水率总体上呈上升趋势，在注入微球期间小幅下降。在注入 0.07PV 前，含水率为 0，该阶段为无水采油期，随着注入量的增加，含水率逐渐增大，当高渗模型发生注入水突破之后，含水率基本稳定在 95.0% 左右。在注入聚合物微球乳液过程中，含水率有一定幅度的下降，说明 JCP100 聚合物微球有明显的控水作用。后续水驱时，含水率保持在 96.0% 左右且持续时间很长，该段时间为稳产期。

采收率总体上呈上升趋势。水驱结束时，高渗模型水驱采收率为 40.77%，低渗模型水驱采收率为 0，不出液，说明渗透率级差太大，流体全部从高渗模型中流出；后续水驱结束时，高渗模型水驱采收率为 64.75%，低渗模型水驱采收率仅为 2.93%。低渗模型采收率累计增加了 2.93%，高渗模型采收率累计增加了 23.98%。低渗模型采收率累计增加值(2.93%)为高渗模型采收率累计增加值(23.98%)的0.12倍，最终总采收率为29.71%。

本组实验渗透率级差太大，低渗模型在前期水驱阶段不出液，注入聚合物微球乳液之后，后续水驱时有一定量的油被驱替，说明该聚合物微球有封堵高渗模型的能力。图3－56三条采收率曲线中，高渗模型采收率很高，低渗模型开始水驱时不出液，注入聚合物微球乳液之后也不出液，后续水驱时才有少量的液体流出。说明在注入聚合物微球乳液过程中由于高渗模型渗透率大，微球大量进入高渗模型，聚合物微球的直径与孔喉直径能够匹配，封堵孔喉和大孔道，使后续流体转向低渗模型，驱替低渗模型中的原油，从而提高原油采收率。

从图3－57可以看出，因为存在启动压力梯度，压力梯度迅速增加到了1.19MPa/m，当高渗模型发生注入水突破之后，压力梯度快速降低到了0.69MPa/m；开始注入微球时，压力梯度明显上升，达到了0.92MPa/m，分析认为注入的聚合物微球产生了一定的封堵作用，导致高渗模型中渗流阻力增大；当停止注入聚合物微球，开始进行后续水驱时，压力梯度开始缓慢下降，下降到0.80MPa/m时，低渗模型发生注入水突破，压力梯度快速下降至0.40MPa/m，之后一直缓慢下降，最终稳定在0.20MPa/m左右，其间有一定波动。

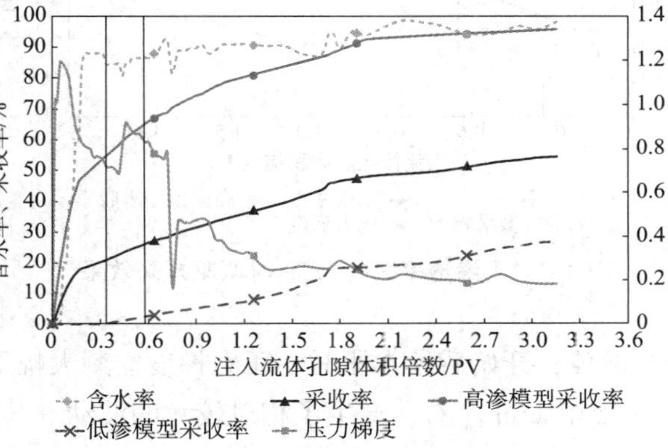

图3－57 渗透率级差7.44时调驱开采效果

含水率总体上呈上升趋势，在注入微球期间小幅降低。随着注入流体量的增加，高渗模型发生注入水突破，含水率逐渐增大。注入水突破高渗模型之后，含水率趋于稳定，基本保持在95.0%左右。注入聚合物微球乳液之后，含水率有一定幅度的下降，说明JCP100聚合物微球控水作用明显。后续水驱时，含水率保持在90.0%～98.0%之间波动，说明微球在模型内不断运移、再封堵。

采收率总体上呈上升趋势。水驱结束时，高渗模型水驱采收率达到58.47%，而低渗模型水驱采收率仅为0.92%，说明渗透率级差很大时，流体主要从高渗模型中流出。后续水驱结束时，高渗模型采收率累计增加了37.33%，而低渗模型采收率累计增加了25.76%，低渗模型采收率累计增加值(25.76%)为高渗模型采收率累计增加值(37.33%)的0.69倍，最终总采收率为52.90%。对比高渗、低渗模型的采收率累计增加值可以看出，JCP100聚合物微球乳液产生了一定的封堵和调驱作用，启动了低渗透层原油，扩大了后续水驱的波及体积，提高了原油采收率。

本组实验渗透率级差大，低渗模型在前期水驱阶段出液量很少，注入聚合物微球乳液及后续水驱时，低渗模型有一定量的原油被采出，说明该聚合物微球有封堵高渗模型的能力。图3－57三条采收率曲线中，高渗模型采收率高，低渗模型水驱时出液量很少，注入聚合物微球乳液和后续水驱时才有一定的液体被采出。说明在注入聚合物微球乳液时由于高渗模型渗透率大，微球大量进入高渗模型，产生封堵作用，使后续水驱过程中流体进入低渗模型，从而提高原油采收率。

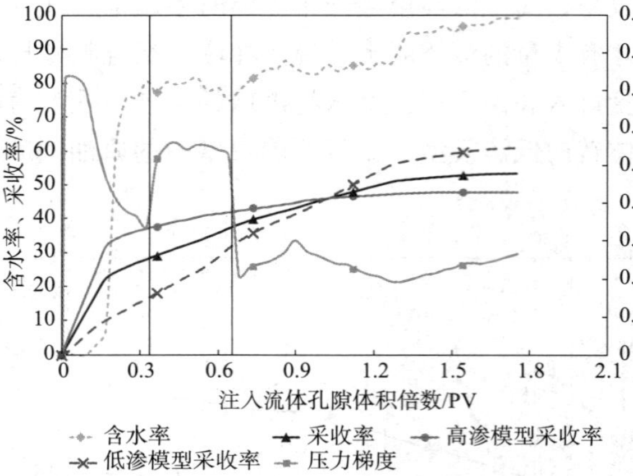

图3－58　渗透率级差5.33时调驱开采效果

从图3－58可以看出，启动压力梯度导致水驱阶段压力梯度骤增至0.73MPa/m，当高渗模型发生注入水突破之后，注入压力梯度快速下降至0.38MPa/m；当含水率为80.39%时，开始注入0.3PV、2000mg/L的JCP100聚合物微球乳液，压力梯度快速上升至0.51MPa/m，而且在整个微球注入过程中，压力梯度一直稳定在这一水平，分析认为注入聚合物微球后产生了较好的封堵作用，致使高渗模型中渗流阻力增大；停止注入聚合物微球，开始后续水驱时，压力梯度立刻大幅下降，后续水驱过程中压力梯度基本稳定在0.25MPa/m左右，产生了相对较大的波动。

含水率总体上呈不断上升的趋势。注入聚合物微球乳液之前，含水率上升较快；注入微球期间小幅降低，基本稳定在80%左右，说明该渗透率级差下注入微球能起到有效封堵作用。后续水驱时，含水率在85%左右保持了一段时间之后，继续上升，最终含水率达到了98%。

采收率总体上呈上升趋势。水驱结束时，高渗模型水驱采收率为37.01%，低渗模型水驱采收率为16.27%，说明渗透率级差减小以后，在水驱阶段，低渗模型中的原油就可以被驱动；注入聚合物微球过程中，高渗模型采收率仅增加了4.77%，而低渗模型采收率增加了17.70%，表明注入聚合物微球扩大了储层波及体积，启动了低渗模型中的剩余油；后续水驱结束时，高渗模型水驱采收率为47.76%，低渗模型水驱采收率达到了60.60%。低渗模型采收率累计增加了44.34%，高渗模型采收率累计增加了10.75%。低渗模型采收率累计增加值(44.34%)为高渗模型采收率累计增加值(10.75%)的4.12倍，最终总采收率为53.37%。

本组实验渗透率级差比前两组实验的渗透率级差明显减小，低渗模型在前期水驱阶段采收率明显高于前两组实验，注入聚合物微球乳液时，低渗模型采收率持续增加，后续水驱时增油效果最明显，说明渗透率级差减小以后，高渗、低渗模型之间渗透率级差导致的渗流阻力显著减小，注入聚合物微球以后，微球在高渗透层大量聚集，产生了较好的封堵作用，有效扩大了后续注入水对低渗透层的波及范围。从图3－58可以看出，三条采收率曲线在注入流体体积达到1.1PV时产生了交叉，低渗模型采收率累计增幅超过高渗模型采收率累计增幅，同时，含水率也得到了有效控制，说明在该渗透率级差下，聚合物微球有效发挥了控水增油的作用。

从图 3－59 可以看出，启动压力梯度导致水驱阶段压力梯度骤增至 1.20MPa/m，当高渗模型发生注入水突破之后，注入压力梯度快速下降至 0.31MPa/m；当含水率为 82.51% 时，开始注入 0.3PV、2000mg/L 的 JCP100 聚合物微球乳液，压力梯度小幅上升至 0.41MPa/m，在整个微球注入过程中，压力梯度继续上升，达到了 0.50MPa/m，分析认为注入聚合物微球乳液以后，高渗模型中渗流阻力增大；开始后续水驱时，压力梯度突降至 0.35MPa/m，后续水驱过程中压力梯度基本稳定在 0.30MPa/m 左右。

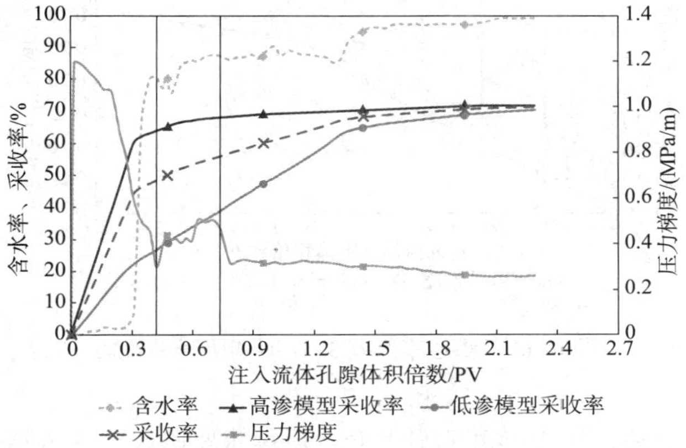

图 3－59　渗透率级差 4.38 时调驱开采效果

含水率总体上呈不断上升的趋势。注入聚合物微球乳液之前，含水率已经快速上升至 80%；注入微球乳液过程中，含水率依然升高，但是增幅很小，含水率基本稳定在 85% 左右，说明该渗透率级差下微球控水效果不明显。后续水驱时，含水率在 85% 左右稳定了较长时间以后，快速上升到了 95%，结合采收率曲线可以看出，原油总采出量已经很高，高渗、低渗模型均已没有增产潜力，进入了特高含水采油期。

采收率总体上呈上升趋势。水驱结束时，高渗模型水驱采收率为 63.85%，低渗模型水驱采收率为 26.79%，说明渗透率级差进一步缩小之后，在水驱阶段，高渗模型中大量原油被采出，低渗模型中的原油也被有效驱动；注微球过程中，高渗模型采收率仅增加了 4.13%，而低渗模型采收率增加了 12.18%，表明注入微球扩大了储层波及体积，启动了低渗模型中的剩余油；后续水驱结束时，高渗模型水驱采收率为 71.65%，低渗模型水驱采收率达到了 70.38%。低渗模型采收率累计增加了 43.59%，高渗模型采收率累计增加了 7.80%。低渗模型采收率累计增加值(43.59%)是高渗模型采收率累计增加值(7.80%)的 5.59 倍，最终总采收率为 71.02%。

本组实验渗透率级差进一步缩小，低渗模型在前期水驱阶段采收率明显高于前三组实验，注入聚合物微球乳液时，低渗模型采收率持续增加，后续水驱时增油效果最明显，说明渗透率级差减小后，高渗、低渗模型之间渗透率级差导致的渗流阻力显著减小，产生了较好的封堵作用，有效扩大了后续注入水对低渗透层的波及体积。从图 3－59 可以看出，由于渗透率级差较小，高渗模型采收率在水驱阶段已经处于较高水平，注入微球乳液后，低渗模型采收率累计增幅大幅增加，含水率得到了有效控制，后续水驱过程中低渗模型采收率持续增加，充分发挥了聚合物微球的封堵和调驱作用。

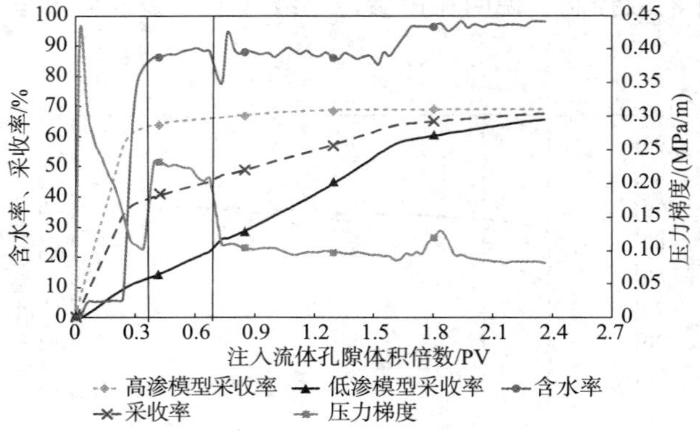

图 3－60　渗透率级差 3.37 时调驱开采效果

从图 3－60 可以看出，启动压力梯度导致水驱阶段压力梯度快速增加至 0.43MPa/m，当高渗模型发生注入水突破之后，注入压力梯度快速下降至 0.09MPa/m；当含水率为 84.01% 时，开始注入 0.3PV、2000mg/L 的 JCP100 聚合物微球乳液，压力梯度上升至 0.23MPa/m，在整个微球注入过程中，压力梯度缓慢降低，分析认为注入聚合物微球乳液时，高渗模型中渗流阻力增大，注入压力梯度明显上升；后续水驱阶段，注入压力梯度又降至 0.10MPa/m，基本保持稳定。

含水率总体上呈不断上升的趋势。注入聚合物微球乳液体系之前，含水率已经快速上升至 80%；注入微球乳液过程中，含水率依然升高，但是增幅很小，含水率基本稳定在 85% 左右，说明该渗透率级差下微球控水效果不明显。后续水驱时，含水率在 85% 左右稳定了较长时间以后，快速上升到了 95%，结合采收率曲线可以看出，原油总采出量已经很高，高渗、低渗模型均已没有增产潜力，进入了特高含水采油期。

采收率总体上呈上升趋势。水驱结束时，高渗模型水驱采收率为 63.02%，低渗模型水驱采收率为 12.65%，说明渗透率级差进一步缩小之后，在水驱阶段，高渗模型中大量原油被采出，低渗模型中的原油被有效驱动；注入微球过程中，高渗模型采收率仅增加了 3.11%，而低渗模型采收率增加了 9.49%，表明注入微球扩大了储层波及体积，启动了低渗模型中的剩余油；后续水驱结束时，高渗模型水驱采收率为 69.15%，低渗模型水驱采收率达到了 65.92%。低渗模型采收率累计增加了 53.27%，高渗模型采收率累计增加了 6.13%。低渗模型采收率累计增加值(53.27%)是高渗模型采收率累计增加值(6.13%)的 8.69 倍，最终总采收率为 67.54%。

本组实验渗透率级差进一步缩小，水驱阶段，高渗模型采收率很高，低渗模型采收率并不高；注入聚合物微球乳液时，低渗模型采收率持续增加，后续水驱时低渗模型增油效果最明显，说明渗透率级差减小以后，高渗、低渗模型之间渗透率差导致的渗流阻力显著减小，产生了较好的封堵作用，有效扩大了后续注入水对低渗透层的波及体积。从图 3－60 可以看出，由于渗透率级差较小，高渗模型采收率在水驱阶段已经处于较高水平，注入微球后，低渗模型累计采收率增幅变大，含水率得到了有效控制，后续水驱过程中低渗模型采收率持续增加，充分发挥了聚合物微球的封堵和调驱作用。

从图 3－61 可以看出，启动压力梯度导致水驱阶段压力梯度快速上升至 1.22MPa/m，当高渗模型发生注入水突破之后，注入压力梯度快速下降至 0.35MPa/m；当含水率为 62.62% 时，开始注入 0.3PV、2000mg/L 的 JCP100 聚合物微球乳液，压力梯度开始迅速上升，直至注微球结束，压力梯度上升至 3.15MPa/m，分析认为，虽然高渗、低渗模型的渗透率级差为 2.24，符合实验设计要求，但是高渗、低渗模型自身的渗透率很低，高渗模型渗透率是 8 组实验中自身渗透率最低的一组，渗透率低，导致注入微球过程中，注入压力梯度显著增加；后续水驱阶段，压力梯度又大幅下降，最终稳定在 1.51MPa/m 左右。

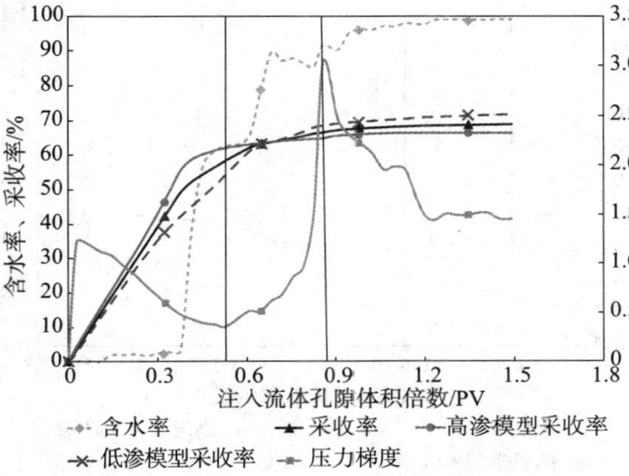

图 3－61　渗透率级差 2.24 时调驱开采效果

含水率总体上呈不断上升的趋势。注入聚合物微球乳液之前，含水率开始为 0，即无水采油期，之后有比较长的一段时间，含水率较低，当注入流体孔隙体积倍数为 0.38PV 时，含水率突然迅速上升至 60.62%；在注入微球过程中，含水率不断升高，增幅较大，至停注微球时，含水率基本稳定在 85% 左右，说明该渗透率级差下微球控水效果不理想。后续水驱时，含水率继续缓慢上升，最终接近于 100%。

采收率总体上呈上升趋势。水驱结束时，高渗模型水驱采收率为 62.13%，低渗模型水驱采收率为 54.63%，在渗透率级差更进一步缩小之后，在水驱阶段，高渗模型中大量原油被采出，低渗模型中的原油同样被大量采出，说明渗透率级差越小，近似于均质储层，水驱阶段采收率就很高；注入微球过程中，高渗模型采收率仅增加了 2.78%，而低渗模型采收率增加了 14.00%，表明在这一渗透率级差下，注入微球依然能够扩大对低渗透层的波及体积，提高低渗模型的采收率；后续水驱结束时，高渗模型水驱采收率为 66.39%，低渗模型水驱采收率达到了 71.79%。低渗模型采收率累计增加了 17.16%，高渗模型采收率累计增加了 4.26%。低渗模型采收率累计增加值(17.16%)是高渗模型采收率累计增加值(4.26%)的 4.03 倍，最终总采收率为 69.09%。

本组实验渗透率级差仅有 2.24，低渗模型在前期水驱阶段采收率在前 6 组实验中最高的，注入聚合物微球乳液时，低渗模型采收率有所增加，后续水驱时增油效果很差，说明渗透率级差大幅降低之后，近似于均质储层，高渗、低渗模型之间渗透率差异小，导致渗流阻力非常小，前期水驱阶段就能实现较好的采油效果。从图 3－61 可以看出，由于渗透率级差非常小，高渗、低渗模型采收率在水驱阶段已经处于较高水平，注入微球后，低渗模型累计采收率小幅增加，含水率得到了一定程度的控制，后续水驱过程中油藏模型采收率增加量非常小。

从图 3－62 可以看出，启动压力梯度导致水驱阶段注入压力梯度快速上升至 0.82MPa/m，当高渗模型发生注入水突破之后，注入压力梯度快速下降至 0.46MPa/m；当含水率为 86.92% 时，开始注入 0.3PV、2000mg/L 的 JCP100 聚合物微球乳液，压力梯度开始迅速上升，随着微球的注入，压力梯度出现了一次波动，至注微球结束时，压力梯度上升

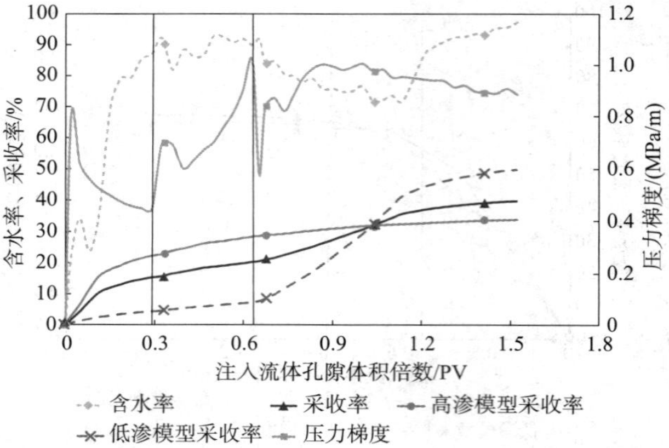

图 3-62 渗透率级差 1.47 时调驱开采效果

到了 1.10MPa/m，分析认为，虽然高渗、低渗模型的渗透率级差为 1.47，但是高渗、低渗模型自身的渗透率都比较低，高渗模型渗透率为 $191.83\times10^{-3}\mu m^2$，低渗模型渗透率为 $130.44\times10^{-3}\mu m^2$，渗透率低才导致在注入微球过程中，压力梯度明显增加；后续水驱阶段，压力梯度快速下降之后又慢慢上升至 1.0MPa/m 左右，随着后续水驱的持续进行，压力梯度缓慢下降至 0.9MPa/m 左右，后续水驱过程中压力梯度的变化规律和其他几组实验结果均不相同，主要原因是两个实验模型的渗透率均比较低，渗流阻力大，导致后续水驱的压力梯度一直处在较高的水平。

水驱阶段含水率一直在上升，注入微球过程中，含水率基本稳定，在后续水驱时，含水率明显下降并维持较长时间，随着后续水驱的不断深入，最终含水率逐渐增大。在注入微球过程中，含水率明显下降后，又缓慢升高至注微球前的水平，到停注微球时，含水率基本稳定在 90% 左右，说明微球发挥了很好的控水作用。后续水驱开始时，含水率大幅下降至 71%，经过一段时间的后续水驱，含水率才逐渐升高，最终接近于 100%，说明在该渗透率级差下，注入微球后控水作用明显且作用有效期长。

采收率总体上呈上升趋势。水驱结束时，高渗模型水驱采收率为 22.20%，低渗模型水驱采收率为 4.60%，本组实验渗透率级差仅为 1.47，近似于均质储层，但是两个模型的渗透率均很低，渗流阻力大，导致水驱阶段两个模型的采收率均很低；注微球过程中，高渗模型采收率仅增加了 7.31%，而低渗模型采收率增加了 3.45%，说明在渗透率很低的情况下，注微球过程提高采收率的能力有限；后续水驱结束时，高渗模型水驱采收率为 35.04%，低渗模型水驱采收率达到了 50.34%。低渗模型采收率累计增加了 46.09%，高渗模型采收率累计增加了 12.84%。低渗模型采收率累计增加值(46.09%)是高渗模型采收率累计增加值(12.84%)的 3.59 倍，最终总采收率为 41.01%。

本组实验渗透率级差仅为 1.47，高渗、低渗模型的渗透率均很低，注入聚合物微球乳液时，增油量有限，后续水驱时低渗模型增油效果很好，说明在渗透率级差很小的情况下，基质渗透率决定驱油效果的好与坏。从图 3-62 可以看出，虽然高渗、低渗模型在水驱阶段和注入微球阶段的采收率均很低，但是注入微球后，低渗模型采收率累计大幅增加，含水率得到了有效控制，表明聚合物微球能够在低渗透油藏中实现控水增油的目的。

从图 3-63 可以看出，启动压力梯度导致水驱阶段注入压力梯度快速上升至 0.27MPa/m，当高渗模型发生注入水突破之后，注入压力梯度快速下降至 0.09MPa/m；当含水率为 80.73% 时，开始注入 0.3PV、2000mg/L 的 JCP100 聚合物微球乳液，压力梯度开始迅速上升，直至注微球结束，压力梯度上升至0.30MPa/m，分析认为，注入微球乳液过程中，渗流阻力增大，注入压力梯度升高；后续水驱阶段，压力梯度又大幅下降，最终稳定在0.05MPa/m左右。

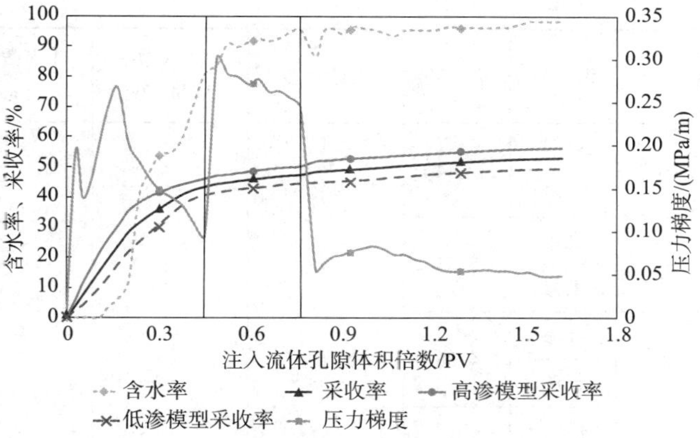

图3-63　渗透率级差1.41时调驱开采效果

含水率总体上呈不断上升的趋势。注入聚合物微球乳液之前，含水率刚开始为0，即无水采油期，之后含水率快速上升，当注入流体孔隙体积倍数为0.45PV时，含水率上升至80.73%；在注入微球过程中，含水率不断升高，增幅不大，至停注微球时，含水率基本稳定在90%左右，说明该渗透率级差下微球控水效果并不理想。后续水驱时，动态含水率在90%以上且相对稳定，至驱替结束时慢慢接近于100%。

采收率总体上呈上升趋势。水驱结束时，高渗模型水驱采收率为46.12%，低渗模型水驱采收率为40.63%，在渗透率级差只有1.41的情况下，水驱阶段高渗、低渗模型中的原油同样被大量采出，说明渗透率级差很小，即近似于均质储层，水驱阶段采收率就很高；注微球过程中，高渗模型采收率增加了4.08%，而低渗模型采收率仅增加了3.93%，表明在近似于均质储层的渗透率级差下，注入微球时提高采收率的作用有限；后续水驱结束时，高渗模型水驱采收率为56.41%，低渗模型水驱采收率为49.55%。低渗模型采收率累计增加了8.93%，高渗模型采收率累计增加了10.29%。低渗模型采收率累计增加值(8.93%)是高渗模型采收率累计增加值(10.29%)的0.87倍，最终总采收率为52.84%。

本组实验渗透率级差仅为1.41，储层趋于均质，注入微球后，微球迅速在模型中均匀分散，没有实现封堵和调驱的作用就运移了，虽然对低渗模型能够起到一定的驱油作用，却不能封堵高渗模型。后续水驱时增油效果依然很差，说明储层近似于均质时，高渗、低渗模型之间渗透率差异很小导致渗流阻力非常小，前期水驱阶段就能实现较好的采油效果。从图3-63可以看出，由于渗透率级差非常小，高渗、低渗模型采收率在水驱阶段已经处于较高水平，高渗、低渗模型采收率和总采收率三条曲线在整个实验过程中几乎平行增加，含水率无法得到合理控制，说明均质油藏采用聚合物微球控水增油的意义不大。

不同渗透率级差下填砂模型基本物性参数及调驱实验结果如表3-15所示。

表3-15　不同渗透率级差下填砂模型基本物性参数及调驱实验结果

组　数	编　号	级　差	微球类型	注入微球量/PV	注入微球浓度/(mg/L)	采收率/%		
						水驱	注微球	后续水驱
1	高渗	32.50	JCP100	0.3	2000	40.77	11.99	11.99
	低渗					0	0	2.93

续表

组　数	编　号	级　差	微球类型	注入微球量/PV	注入微球浓度/(mg/L)	采收率/%		
						水驱	注微球	后续水驱
2	高渗	7.44	JCP100	0.3	2000	58.47	10.49	26.83
	低渗					0.92	2.75	23.01
3	高渗	5.33				37.01	4.77	5.98
	低渗					16.27	14.70	29.64
4	高渗	4.38				63.85	4.13	3.67
	低渗					26.79	12.18	31.41
5	高渗	3.37				63.02	3.11	3.02
	低渗					12.65	9.49	43.78
6	高渗	2.24				62.13	2.78	1.48
	低渗					54.63	14.0	3.16
7	高渗	1.47				22.20	7.31	5.53
	低渗					4.60	3.45	42.64
8	高渗	1.41				46.12	4.08	6.21
	低渗					40.63	3.93	5.00

结合8组调驱实验效果图，从表3－15可以看出，含水率、压力梯度、采收率变化趋势具有相似性。

在注入压力梯度方面，8组实验在注入微球期间压力梯度都有增加，说明注入0.3PV、2000mg/L的JCP100聚合物微球以后，对高渗模型产生了一定的封堵作用，其中渗透率级差为32.50时，注入微球阶段压力梯度增加量最大，增加量为0.15MPa/m。

在含水率方面，8组实验中渗透率级差为32.50时，注入微球过程中含水率下降幅度最大，说明了渗透率级差越大、储层非均质性越强，高渗储层水窜现象越明显，但是采用聚合物微球调驱效果并不是最好的，必须重点考虑采收率增加的幅度。

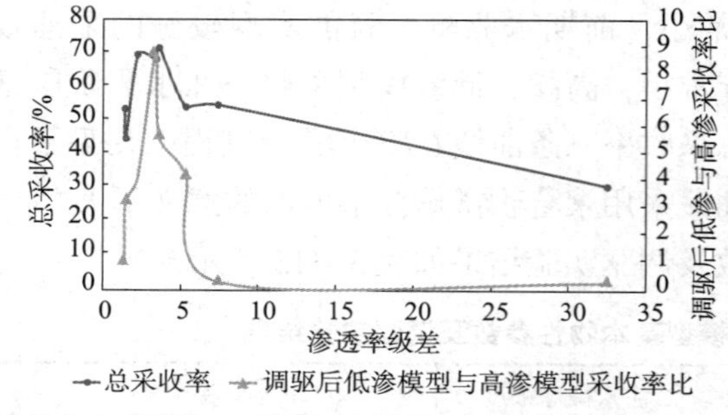

图3－64　非均质油藏模型驱油实验结果

在采收率方面，8组实验注入微球后，低渗模型与高渗模型采收率累计增加值倍数分别为0.12、0.69、4.12、5.59、8.69、4.03、3.59、0.87，最终采收率分别为29.71%、52.90%、53.37%、71.02%、67.54%、69.09%、41.01%、52.84%。可以看出，渗透率级差过大或者过小，均不利于提高低渗模型中原油的采收率。

在不同渗透率级差下，8组实验的总采收率和调驱后低渗模型与高渗模型采收率比如图3－64所示。

从图 3－64 可以看出，在不同渗透率级差下，总采收率、调驱后低渗模型与高渗模型采收率比两个参数基本呈正态分布，渗透率级差太大或者太小，均不利于提高原油采收率。第 3 组～第 6 组实验，即渗透率级差分别为 5.33、4.38、3.37、2.24 时，提高采收率效果最好。

因此，综合注入压力梯度、含水率、提高采收率幅度三个方面的研究结果，确定渗透率级差在 2.24～5.33 之间注入聚合物微球乳液调驱封堵效果最好。

八、不同段塞组合的开采效果

1. 两轮次注入微球实验结果

为探究不同非均质地层重复注入微球对采收率影响，以及指明实际生产中老井是否需要采取二次注入微球以达到增产增注的目的，制作了不同物性的非均质物理模型进行二次注入微球实验。

并联非均质物理模型物性参数如表 3－16 所示。在含水率为 86%、98%时，分别注入 0.3PV、2000mg/L 的 JCP100 聚合物微球乳液。

表 3－16　并联非均质物理模型物性参考

组　数	编　号	孔隙度/%	含油饱和度/%	水测渗透率/$10^{-3}\mu m^2$	级　差
1	高渗	26.40	68.21	388.48	7.44
	低渗			52.24	
2	高渗	30.97	74.34	191.83	1.47
	低渗			130.44	

注入两个段塞的聚合物微球对采收率影响结果如图 3－65 和图 3－66 所示。

从图 3－65 可以看出，注入压力梯度在第二次注入微球期间由 0.19MPa/m 升高至0.42MPa/m，在第三次水驱阶段出现波动，说明重复注入的微球产生了较小的封堵和运移能力；含水率在第二次注入微球期间不降反升，且在第二次注入微球后降低幅度极小；高渗、低渗模型采收率和总采收率在第二次注入微球过程中和第三次水驱阶段都没有明显变化。说明，第二次注入微球对地层孔隙还有一定的封堵能力，但是开采效果非常差，主要是在含水率和采收率方面得不到体现。

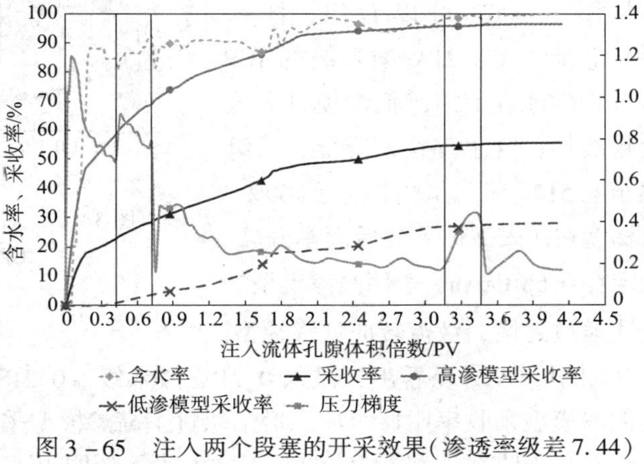

图 3－65　注入两个段塞的开采效果(渗透率级差 7.44)

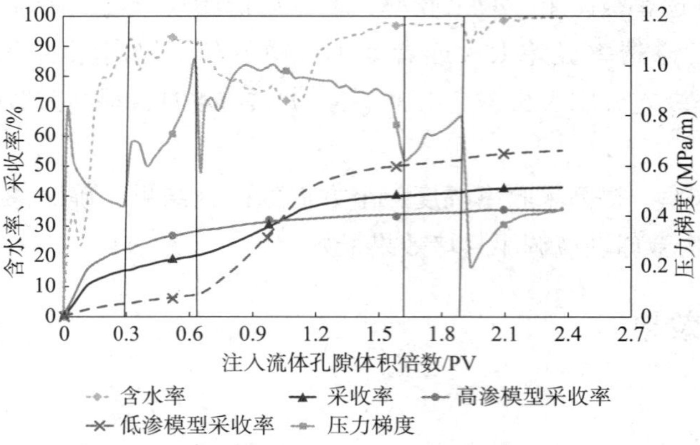

图 3 – 66　注入两个段塞的开采效果(渗透率级差 1.47)

从图 3 – 66 可以看出，注入压力梯度在第二次注入微球期间停止了下降趋势，并逐步升高至 0.79MPa/m，在第三次水驱阶段又快速下降至 0.28MPa/m；含水率在第二次注入微球期间抑制了增长趋势，并在第三次水驱阶段小幅下降；高渗模型采收率在第二次注入微球过程中没有变化，低渗模型采收率有很小幅度的提升，最终总采收率相比于第一次注入微球后的 41.01% 仅增加了 2.85%（第二次注入微球后采收率为 43.86%）。分析认为，趋近于均质的储层第二次注入微球后，产生了一定的封堵作用，但是控制含水率的效果并不明显，而且提高采收率幅度很小。

综合这两组实验分析认为，第二次注入微球后在储层模型中能够产生一定的调驱封堵作用，但是提高采收率的幅度非常小，对含水率的控制作用非常有限，再结合现场注入聚合物微球的成本进行综合考虑，第二次注入聚合物微球很难实现高效益开发，因此不推荐进行渗透油藏多轮次聚合物微球调驱。

2. 两种级别微球叠加段塞的实验结果

在非均质油藏模型中，分别注入“纳米级 + 微米级”和“纳米级 + 毫米级”的 JCP 型聚合物微球乳液，评价不同段塞组合的调驱效果。调驱效果如图 3 – 67 和图 3 – 68 所示。

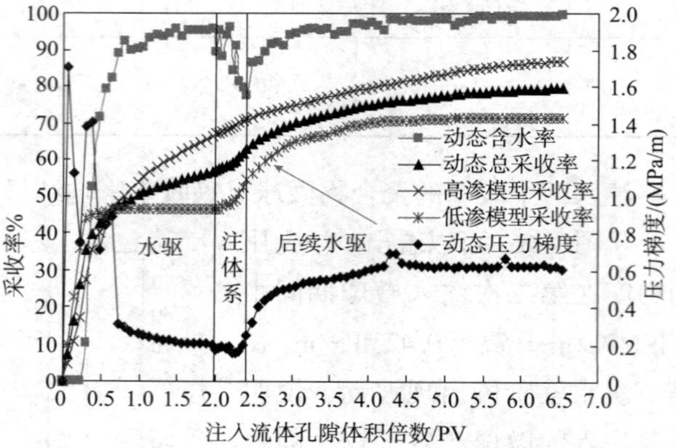

图 3 – 67　注入 0.2PV 毫米级 + 0.2PV 纳米级 JCP 型聚合物乳液开采效果

从图 3 – 67 可以看出，注入 0.2PV 毫米级 + 0.2PV 纳米级的 JCP 型聚合物微球乳液后，低渗模型采收率大幅增加；含水率快速降低，后续水驱至 4.5PV 时，含水率接近 100%；压力梯度在注入微球乳液后大幅升高，并稳定在 0.6MPa/m，表明高渗模型的窜流通道被封堵，液流转向低渗模型。

从图 3 – 68 可以看出，注入 0.2PV 微米级 + 0.2PV 纳米级的 JCP 型聚合物微球乳液后，低渗模型采收率明显增加，增幅超过了高渗模型采收率增幅，两条采收率曲线出现交叉，最终总采收率达到了 85.62%；含水率下降明显，但是微球控水作用时间不长；压力梯度在注入微球乳液后大幅升高，最终稳定在 0.15MPa/m，说明 0.2PV 微米级 + 0.2PV 纳米级的 JCP 型聚合物微球乳液组合产生了较好的封堵作用，达到了控水增油的目的。

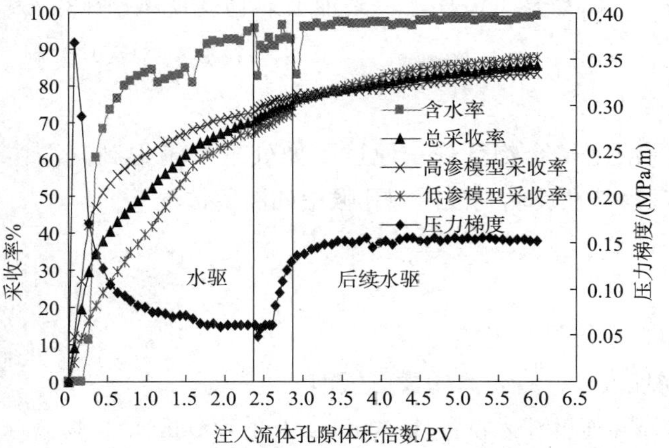

图3－68　注入0.2PV微米级＋0.2PV纳米级JCP型聚合物乳液开采效果

两种级别的JCP型聚合物微球叠加段塞在非均质模型中的调驱效果及模型参数如表3－17所示。通过优化注入段塞可有效降低应用成本。结合图3－67、图3－68和表3－17中数据，可以看出，两种段塞组合的微球均产生了较好的封堵作用，能够达到控水增油的目的，但是从注入微球后采收率增加幅度的结果来看，0.2PV毫米级＋0.2PV纳米级段塞提高采收率效果明显优于0.2PV微米级＋0.2PV纳米级效果，再结合现场调驱的成本因素，确定在现场应用过程中采用0.2PV毫米级＋0.2PV纳米级JCP型聚合物微球乳液段塞组合。

表3－17　非均质模型调驱效果及参数

序　号	类　型	孔隙度/%	渗透率/μm²	级差	S/%	段　塞	水驱采收率/%	注段塞采收率/%	后续水驱采收率/%	各层采收率/%	总采收率/%
第1组	高渗	43.57	1.87	4.56	88.31	0.2PV毫米级＋0.2PV纳米级	66.25	4.71	15.96	86.92	79.14
	低渗	43.01	0.41		83.16		46.28	8.07	17.01	71.36	
第2组	高渗	40.74	2.05	5.86	87.50	0.2PV微米级＋0.2PV纳米级	73.17	3.73	6.59	83.49	85.62
	低渗	41.88	0.35		81.08		67.50	5.33	14.92	87.85	

第三节　微观可视化物理模拟实验结果

通过人造岩心、填砂模型物理模拟实验研究了聚合物微球宏观开采效果，优选了多项调驱参数，但是纳米聚合物微球在孔喉中的真实作用方式还未知，通过微观可视化物理模拟实验直接观察其作用方式，为作用机理及数学模型研究奠定基础。

一、实验准备

通过刻蚀玻璃物理模拟将纳米聚合物微球作用形式可视化，明确纳米聚合物微球在孔喉中的作用方式，验证现场应用及物理模拟实验的纳米聚合物微球调驱特点。

1. 实验样品及装置

粒径分别为100nm、300nm、500nm、800nm、5000nm的聚合物微球；蒸馏水。

微观驱替系统(含图像处理系统)、蠕动泵、搅拌器、刻蚀玻璃物理模型(图3－69);烧杯、移液管、量筒等玻璃器皿。

2. 实验方法及步骤

以不同速度注入不同粒径、不同浓度聚合物微球，通过图像处理系统得到其滞留情况，老化不同时间后再进行水驱，观察其在玻璃刻蚀模型孔喉中的滞留情况。

(1)按照图3－70连接实验装置。

(2)检查装置气密性。

(3)调整刻蚀玻璃物理模型与驱替系统显微镜焦距。

(4)使用蒸馏水冲洗刻蚀玻璃物理模型，直至其中没有气泡。

(5)使用蠕动泵分别以0.01mL/min速度注入浓度为2000mg/L的500nm聚合物微球。

(6)将每组样品老化1h，水驱观察聚合物滞留情况。

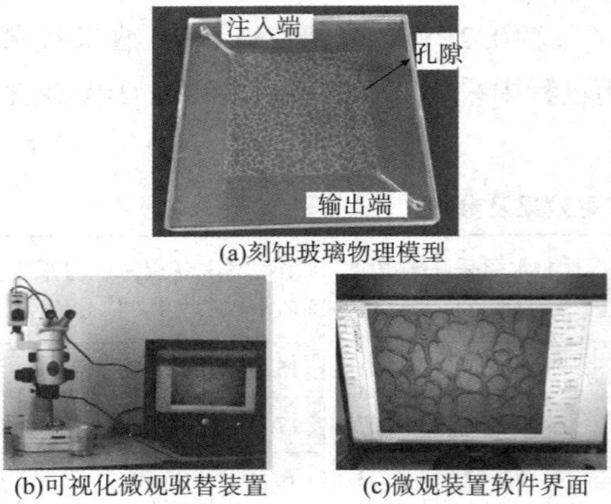

图3－69 微观驱替系统

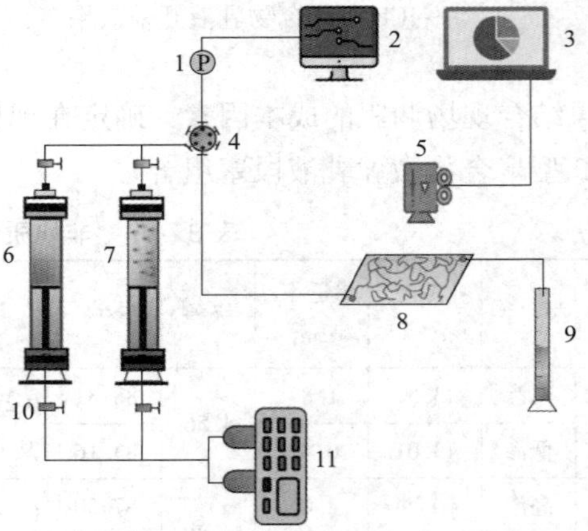

图3－70 刻蚀玻璃物理模拟实验仪器连接

1—压力表；2—压力监测系统；3—视频监测及图像处理系统；4—六通阀；5—摄像机；6、7—中间容器；8—刻蚀玻璃物理模型；9—采收液计量器；10—二通阀；11—蠕动泵

二、实验结果及分析

聚合物微球在模型孔喉壁面上吸附、滞留的微观图像如图3－71所示，聚合物微球直径$d_{微球}$为孔喉直径$d_{孔喉}$的2/3，满足常规的匹配及封堵规则，但在实验中并没有发生封堵，而是微球紧密滞留在孔喉壁面上。

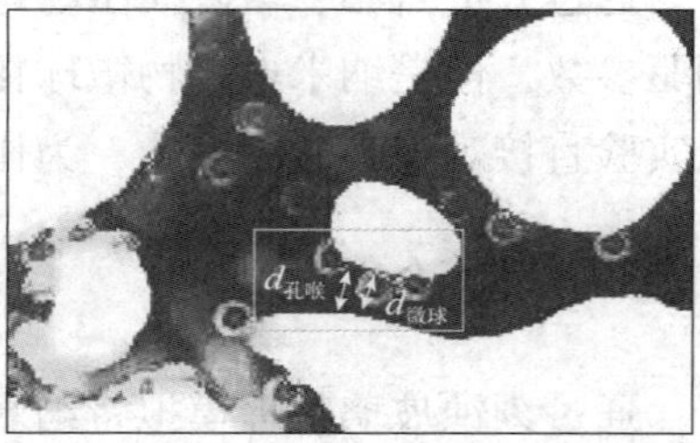

图3－71 聚合物微球在孔喉壁面吸附、滞留

持续注入聚合物微球，形成架桥后并没有稳定封堵孔喉，而是继续运移滞留在壁面上，这是因为纳米聚合物微球具有弹性，使得架桥封堵已经不是主要、

稳定的作用方式。

如图 3－72 所示，聚合物微球在地层中受到复杂的力学作用，刻蚀玻璃物理模型孔喉壁面较真实储层孔喉壁面光滑，聚合物微球在地层孔喉中受到的摩擦力更大，聚合物微球滞留现象在地层中应更加普遍，说明了纳米聚合物微球滞留是主要的作用方式。

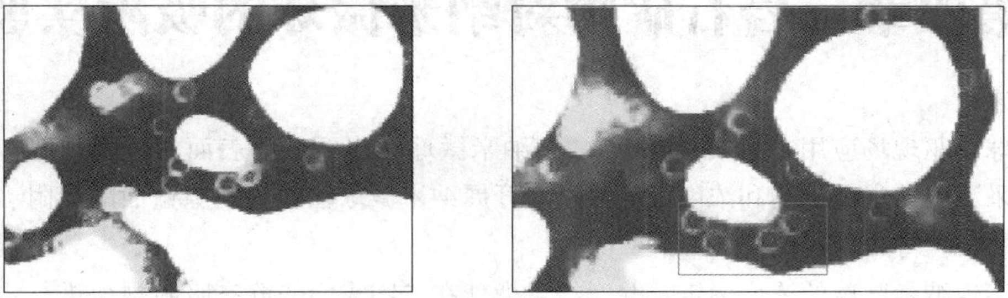

图 3－72 持续注入聚合物微球

如图 3－73 所示，聚合物微球在孔喉拐角处也能稳定滞留，孔喉拐角处流体具有更高的流速，受到时刻变化的力的作用，能够在孔喉拐角处稳定滞留，说明聚合物微球滞留性能强。

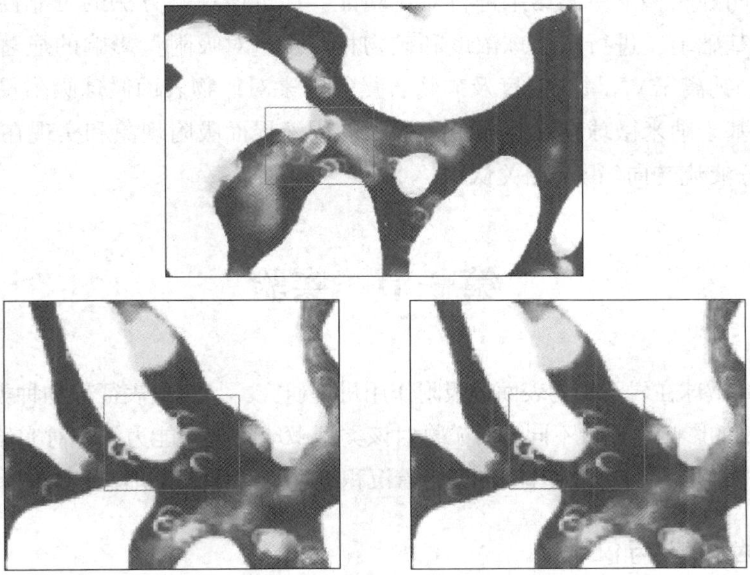

图 3－73 聚合物微球在孔喉拐角处滞留

综上所述，聚合物微球在注入、后续注入运移过程中能够稳定滞留在孔喉壁面上，说明聚合物微球的主要作用方式是滞留，通过滞留的方式改变地层孔喉流体流动直径，使得液体部分转移至优势渗流通道渗流。

第四章　岩石矿物对纳米微球的吸附实验

微球调驱现场应用中亟须明确 JCP－1 纳米微球在岩石矿物表面的吸附规律，实现微球在注采液中的定量检测和浓度设计。这对开展纳米微球在地层孔隙壁面的吸附、运移规律及调驱机理等研究至关重要。

为实现纳米微球的浓度标定，并对纳米微球在矿物表面的静态吸附规律进行定量化描述，本节拟采用淀粉－碘化镉法以 JCP－1 纳米微球为例进行纳米微球溶液的浓度标定，并分别沿两种不同测量路径进行多组分矿物表面的微球吸附量测定：一是直接测定按比例混合后的多组分矿物表面的微球吸附量；二是在所测单组分矿物表面的微球吸附量数据基础上，按照岩石矿物相对含量进行加权叠加，进而间接预测多组分矿物表面的微球吸附量。随后，对两种路径下所测结果进行对比验证，评价该预测方法的可靠性。此外，在确保实验可行的基础上，进行了微球浓度和矿物相对含量对吸附量影响的显著性评价，对电解质(钙离子、钠离子)含量、温度及矿物含量等因素对矿物表面微球吸附量的影响进行了分析。最后，基于纳米微球在孔隙通道运移时的固液界面吸附现象和实现在“不完全封堵”条件下的“部分液流转向”得出相关认识。

第一节　实验

为开展纳米微球在岩石矿物表面的吸附作用机理研究，须定量表征矿物种类、含量对微球在其表面吸附量的影响。评价不同岩石矿物对该类型微球的吸附能力，并对实验结果进行分析讨论，对进一步研究纳米微球在孔喉内壁附着沉积机理及运移分流机制具有重要意义。

一、实验材料与仪器

JCP－1 纳米微球(产品标注粒径为 100nm，取自长庆油田，主要成分为 AM、AMPS、BIS、AIBN、交联剂、表面活性剂和白油)。

实验仪器(图 4－1)：紫外分光光度计(UV－3600 日本岛津公司)；超声波清洗器(KQ－250E 型，昆山舒美超声波清洗器厂)；高速离心机(SLJ－10000，南通华兴石油仪器有限公司)；电子天平(Sartorius BSA 124S)；pH 检测计(希玛 pH8008，精度 ±0.1pH，温度量程 0～60℃)。

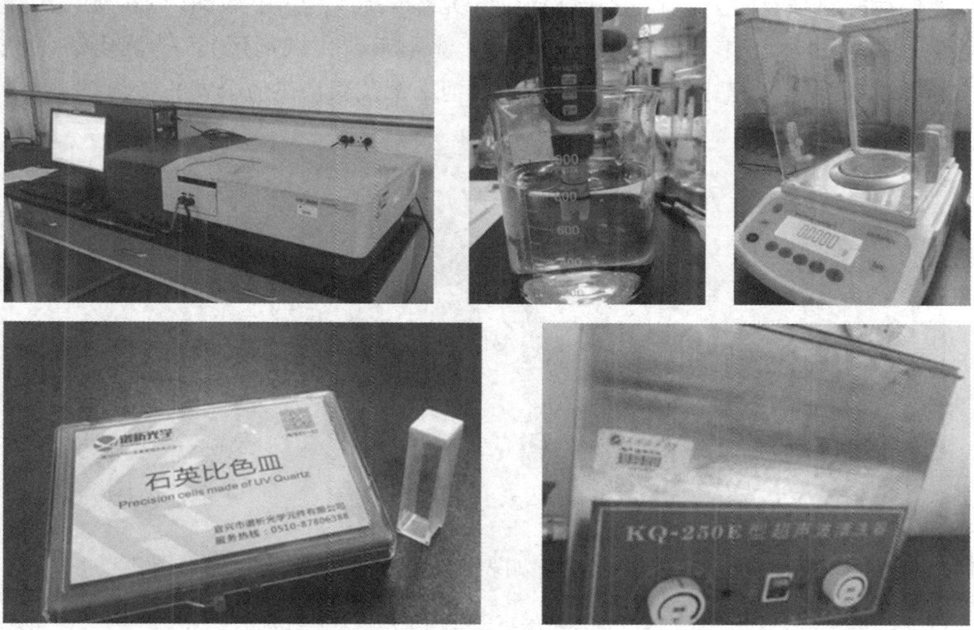

图 4－1　实验所用仪器

实验所涉岩石矿物(表 4－1)：①高岭石(6000 目，榆林蒲百高岭石有限责任公司)；②蒙脱石(1500 目，灵寿县恒昌矿产品加工厂)；③绿泥石(1250 目，海城赫泰粉体科技有限公司)；④伊利石(800 目，任县华康非金属矿产品加工厂)；⑤钠长石(325 目，灵寿县泓耀矿产品加工厂)；⑥钾长石(325 目，灵寿县泓耀矿产品加工厂)；⑦石英砂(325 目，灵寿县盛泰矿产品加工厂)。

表 4－1　实验用岩石矿物成分表　　%

矿物成分	高岭石	蒙脱石	绿泥石	伊利石	钠长石	钾长石	石英砂
SiO_2	49.97	66.84	39.99	76.10	56.00	65.80	98.70
Al_2O_3	39.97	19.62	17.98	13.63	23.00	18.00	—
Fe_2O_3	0.47	3.62	3.98	0.82	0.03	0.89	0.04
TiO_2	0.68	0.33	—	—	—	0.01	—
CaO	8.53	3.77	1.98	0.10	—	0.50	—
MgO	0.20	3.79	35.98	0.28	—	0.40	—
Na_2O	0.15	1.57	—	1.15	3.50	3.60	—
K_2O	0.03	3.35	—	4.47	8.50	13.00	—
MnO_2	0.00	0.04	—	—	—	—	—
P_2O_5	—	0.07	—	—	—	—	—

实验试剂(图 4－2)：①三水合醋酸钠(分析纯，国药集团化学试剂有限公司)；②十八水合硫酸铝(分析纯，国药集团化学试剂有限公司)；③淀粉－碘化镉标准液(药典

2015，厦门海标科技有限公司）；④饱和溴水（元臻试剂）；⑤甲酸钠（分析纯，天津市科密欧化学试剂有限公司）；⑥氯化钙（分析纯，沈阳市新化试剂厂）；⑦氯化钠（分析纯，沈阳市新化试剂厂）；⑧醋酸（质量浓度30%，河南锦茂康洁供应公司）。

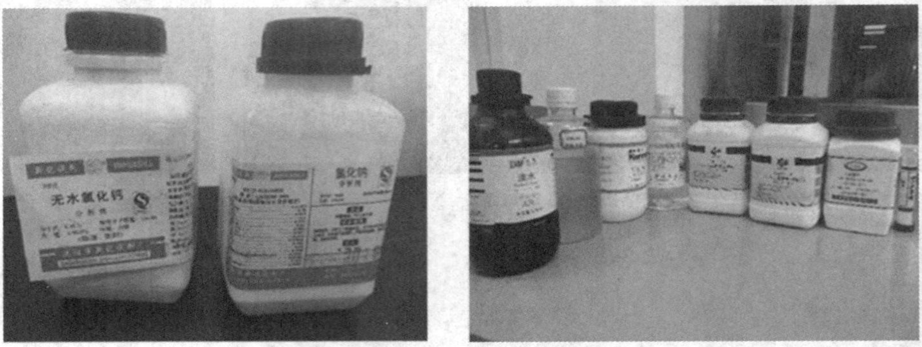

图4-2　实验试剂

模拟地层水中各离子浓度及矿化度，如表4-2所示。

表4-2　模拟地层水中各离子浓度及矿化度　mg/L

pH值	阳离子浓度						阴离子浓度		总矿化度
	K^+	Na^+	Ca^{2+}	Mg^{2+}	Ba^{2+}	Sr^{2+}	HCO_3^-	Cl^-	
7.31	2643	2711	241	42	55	61	313	8641	14707

二、实验原理与方法

1. 淀粉-碘化镉法

利用淀粉-碘化镉法测微球浓度的原理是霍夫曼重排反应的第一步，即用溴与酰胺基的反应生成N-溴代酰胺，进一步水解产生次溴酸，保持反应平衡，次溴酸能将碘离子定量地氧化成碘单质。因此，在酰胺基含量较低时，仍可以淀粉-碘化物形式进行有效测定，反应式如下：

$$R-CONH_2 + Br_2 \longrightarrow R-CONHBr + HBr$$

$$R-CONHBr + H_2O \longrightarrow R-CONH_2 + HBrO$$

$$HBrO + 2I^- + H^+ \longrightarrow I_2 + Br^- + H_2O$$

$$I^- + I_2 + \text{淀粉} \longrightarrow I^{3+} + \text{淀粉（蓝色复合物）}$$

过量的溴可被甲酸钠还原。生成的淀粉-碘化物显示蓝色特征，在特定波长附近有较强的吸光性质。

2. 静态吸附量计算

微球吸附量的测定过程本质上是微球在其与岩石矿物组成的体系中发生吸附与沉降，即微球吸附于岩石矿物表面，并随矿物的沉降而沉降，使上部悬浮体中微球数量减少，从而据此过程计算吸附量。在此过程中，若同时发生微球的自身沉降，将导致吸附量测定误差。因而，需要确保分散于上部悬浮体中的微球在整个测试过程中不发生沉降。而本实验中所用的 JCP－1 纳米微球溶液属于单分散溶液，粒径集中分布于 100nm 左右，且体系透明、流动性好。离心加速度取 100g，持续离心 5min，未见分层现象。可认为 JCP－1 纳米微球不发生自身沉降，对吸附量测定结果影响有限，可保证实验所测得的静态吸附量的精确性，具体计算如式(4－1)所示：

$$\Gamma = \frac{(C_0 - C) \times V}{W \times 1000} \tag{4-1}$$

式中　C_0、C——微球溶液吸附前和吸附后的浓度，mg/L；

V——纳米微球溶液的总体积，mL；

W——岩石矿物的总质量，g；

Γ——微球在矿物表面的静态吸附量，mg/g。

3. 实验步骤

淀粉－碘化镉法可实现微球溶液中聚丙烯酰胺及其衍生物含量的测定。通过混合体系内微球吸附前、后的含量差异可表示岩石矿物表面的静态吸附量，进而实现微球在矿物表面吸附能力的定量化表征。

实验过程中，首先对缓冲液最佳 pH 值、待测液最佳测试波长进行优选。其次测量特定浓度微球溶液的吸光度，进而依据朗伯比尔定律绘制针对 JCP－1 纳米微球溶液的浓度－吸光度标准曲线。最后运用分光光度计测量矿物－微球充分吸附后稀释液的吸光度，对照微球溶液浓度－吸光度标准曲线便可得出相应浓度。通过前文给出的静态吸附量计算公式(4－1)，得出微球在不同岩石矿物表面的静态吸附量。

微球在矿物表面的静态吸附量测定步骤如下(图 4－3)：

(1)按照不同的组合方式将 25mL 不同浓度的 JCP－1 纳米微球溶液(200mg/L、500mg/L、800mg/L、1000mg/L、1500mg/L、2000mg/L、2500mg/L、3000mg/L)、6g 不同组合的岩石矿物(高岭石、蒙脱石、伊利石、绿泥石、石英、钠长石、钾长石)充分混合，水浴中恒温 45℃(模拟地层温度)、超声分散 10min，以保证微球与固相矿物细颗粒充分吸附，进而达到吸附平衡状态。

(2)在高速离心机 4000r/min 转速下进行固、液分离操作，持续时间约 30min，取上清液至 25mL，用以测定分离后剩余微球的浓度。

(3)在 50mL 容量瓶中依次加入缓冲溶液(5mL)、充分吸附并进行固、液分离后的上清液(25mL)、蒸馏水(5mL)，混合均匀后，加入 1mL 饱和溴水。超声分散 10min 后加入 3mL 甲酸钠溶液(由 10g 甲酸钠溶于 1000mL 蒸馏水)，超声分散 10min 后加入 5mL 淀粉－碘化镉溶液，用蒸馏水稀释到刻度线处，制成待测液。

(4)45℃下静置 10min 后，在实验确定的最佳波长 580nm 处，用分光光度计以蒸馏水作为参比液测量吸光度，在浓度－吸光度标准曲线上查找对应的浓度值。

(5)用式(4－1)计算静态吸附量。

图 4－3　充分吸附后固、液分离取上清液示意图

三、实验条件优选

1. 最佳测试波长优选实验

1）实验步骤

利用分光光度计测定聚合物微球乳液吸光度流程如图 4－4 所示。

（1）在 50mL 容量瓶中依次加入缓冲溶液（5mL）、JCP－1 纳米微球系列标准液中的某一浓度标准液（25mL）、蒸馏水（5mL），三者混合均匀后，加入 1mL 饱和溴水，超声分散 10min 后加入 3mL 甲酸钠溶液，再超声分散 10min 后加入 5mL 淀粉－碘化镉溶液，用蒸馏水稀释至刻度线处。

（2）将按步骤（1）配制好的微球溶液体系恒温静置 60s 后，在实验温度 45℃下，采用分光光度计测量不同波长（范围 450～700nm）、不同浓度（20mg/L、40mg/L、60mg/L、80mg/L）JCP－1 纳米微球溶液的吸光度，并基于波长与吸光度的一一对应关系绘制出吸光度－波长曲线，进而优选出最佳测试波长。

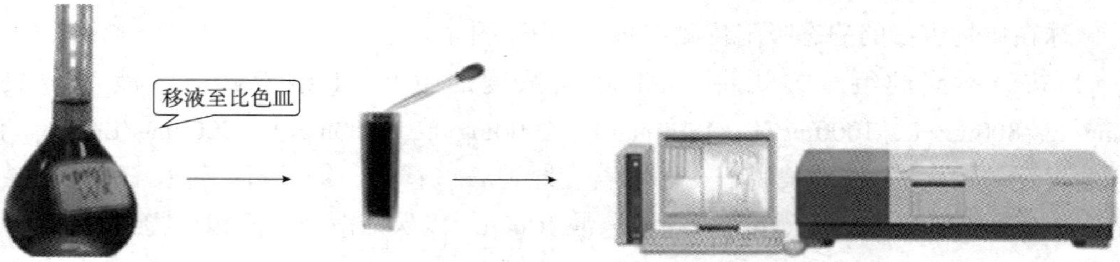

图 4－4　利用分光光度计测量吸光度流程示意图

2）实验结果

JCP－1 纳米微球溶液吸光度－波长曲线变化如图 4－5 所示。可以看出，不同浓度微球溶液的吸光度－波长曲线呈现正态分布的变化特征，吸光度均在波长 580nm 附近达到极大值。同一波长（580nm）处，微球溶液浓度越高，吸光度越大，说明微球溶液浓度和吸光间存在对应关系，表明具有光学活性的基团未发生构型变化，在 JCP－1 纳米微球溶液浓度测定过程中发生了霍夫曼重排反应。经过一系列吸光度测量实验，发现吸光度测量峰值越突出，其相对误差就越小，呈现更高的稳定性、准确性。因此，最终确定 580nm 为后续实验中的最佳测试波长。

2. 缓冲液最佳 pH 值优选

1)实验步骤

(1)醋酸钠缓冲溶液的配制：称取 3 份 25g 的三水合醋酸钠颗粒，分别溶解于 800mL 蒸馏水中，然后各自加入 0.5g 十八水合硫酸铝，用质量浓度 30% 的醋酸分别调节 pH 至 3.0、4.0、5.0，并分别稀释到 1000mL 备用。

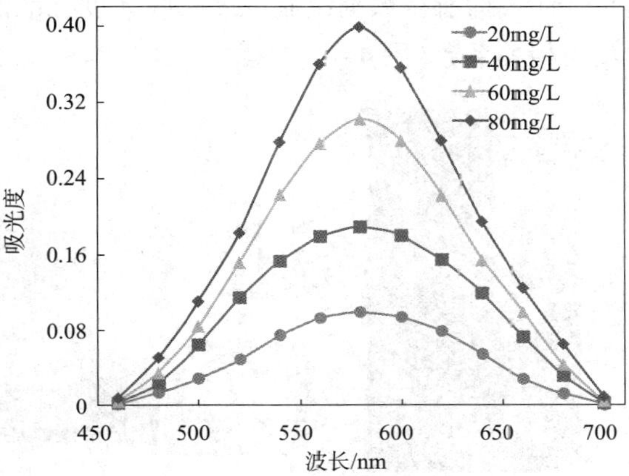

图 4－5　JCP－1 纳米微球溶液吸光度－波长曲线

(2)在 50mL 容量瓶中依次加入缓冲溶液(5mL)、JCP－1 纳米微球系列标准液(10mg/L、20mg/L、30mg/L、40mg/L)中的某一浓度标准液(25mL)、蒸馏水(5mL)，混合均匀后，加入 1mL 饱和溴水。超声分散 10min 后加入 3mL 甲酸钠溶液，再超声分散 10min 后加入 5mL 淀粉－碘化镉溶液，用蒸馏水稀释到刻度线处。

(3)45℃下静置 60s 后，用分光光度计测量在最佳测试波长(580nm)附近不同浓度 JCP－1 纳米微球体系的吸光度，并做好记录。

(4)测量缓冲液 pH 值分别为 3.0、4.0、5.0 时的吸光度。

2)实验结果

JCP－1 纳米微球溶液吸光度－缓冲液 pH 关系曲线如图 4－6 所示。由图 4－6 可知，在不同浓度的 JCP－1 纳米微球体系中加入 pH 值为 3.0、4.0、5.0 的缓冲液后，吸光度变化幅度不大，对比三种 pH 值下微球溶液的吸光度，可以发现：在缓冲液 pH 值为 4.0 时，不同浓度的 JCP－1 纳米微球溶液吸光度值均最大。最终确定缓冲液最佳 pH 值为 4.0，进而确保测得稳定性、准确的吸光度值。

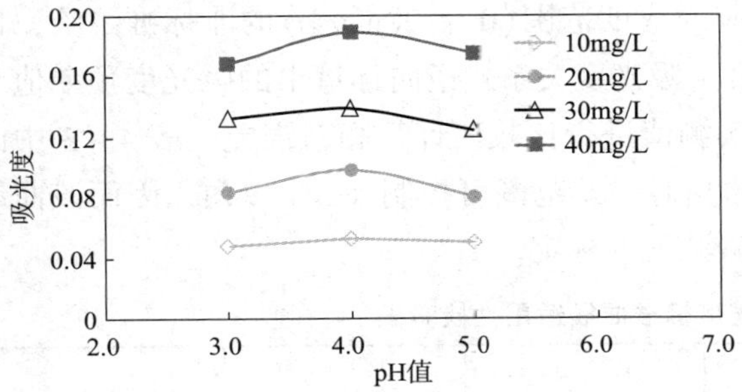

图 4－6　JCP－1 纳米微球溶液吸光度－缓冲液 pH 关系曲线

四、标准曲线的绘制与误差检验

1. 浓度－吸光度标准曲线的绘制

配制 100mg/L JCP－1 纳米微球标准液，陈化 24h 后稀释成 5～120mg/L 的 JCP－1 纳米微球系列标准液(浓度间隔为 5mg/L)，采用优选出的最佳测试波长测定不同浓度(5～120mg/L)JCP－1 纳米微球系列标准液的吸光度值，缓冲液 pH 值为优选值 4.0，温度取

45℃，并根据所得数据绘制浓度－吸光度标准曲线，通过线性拟合得到浓度－吸光度关系式及其相关系数(图4－7)。

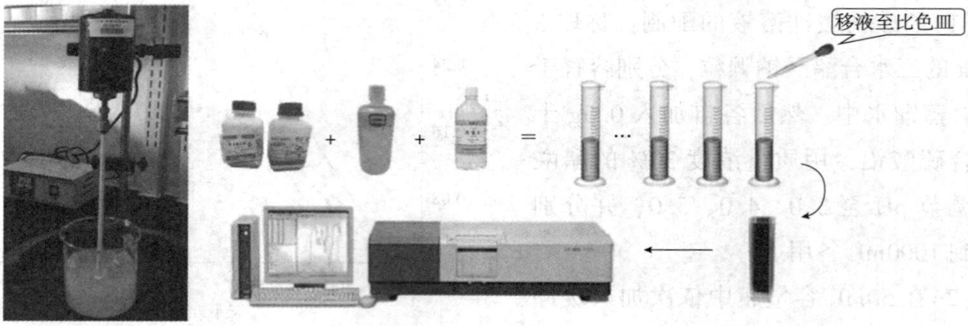

图4－7　JCP－1纳米微球系列标准液配制及吸光度测定示意图

图4－8给出了0～120mg/L浓度范围内JCP－1纳米微球溶液浓度－吸光度标准曲线和关系式，该曲线线性稳定，拟合结果良好。

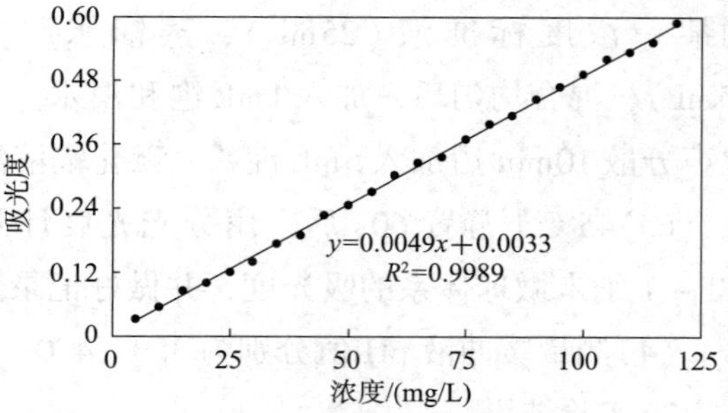

图4－8　浓度－吸光度标准曲线

2. 浓度－吸光度标准曲线的误差检验

以上所绘浓度－吸光度标准曲线对JCP－1纳米微球溶液浓度标定的可行性取决于其测量精度，故须进行误差检验。

配制稀释至浓度－吸光度标准曲线对应的浓度范围(0～120mg/L)的非标准溶液，以蒸馏水作为参比液，测其吸光度。将用浓度－吸光度关系式逆向计算出的吸光度预期值与不同初始浓度、不同稀释倍数下的吸光度实测值进行比较，计算相对误差，表4－3中的结果表明：浓度－吸光度标准曲线上各点的相对误差范围可控制在3%以内，因而该曲线适用于0～120mg/L的JCP－1纳米微球溶液浓度的标定。

表4－3　浓度－吸光度标准曲线适用性检验表

JCP－1纳米微球溶液 Γ_0/(mg/L)	稀释倍数	稀释后的JCP－1纳米微球溶液浓度/(mg/L)	吸光度预期值	实测吸光度	相对误差/%
300	15	20	0.099	0.101	3.02
300	6	50	0.247	0.241	3.43
300	3	100	0.492	0.503	3.24
500	25	20	0.099	0.098	1.01
500	10	50	0.247	0.251	1.62
500	5	100	0.492	0.487	1.02

第二节 岩石矿物对微球的吸附规律

一、单组分矿物吸附微球量

从 200mg/L 开始，到 3000mg/L 停止，选取不同初始浓度的 JCP－1 纳米微球溶液，按照 JCP－1 纳米微球与岩石矿物的静态吸附量测定步骤，进行微球在单组分矿物表面的静态吸附量测定实验。由于该实验中微球初始浓度偏高，最终待测的上清液体系中微球的浓度远超出浓度－吸光度标准曲线的浓度标定范围。实验中发现：当待测液稀释 30 倍时，可确保待测液浓度落在标准曲线的浓度标定范围内。图 4－9 是根据实验所测数据绘制的微球在单组合矿物表面的吸附量随初始浓度变化曲线。

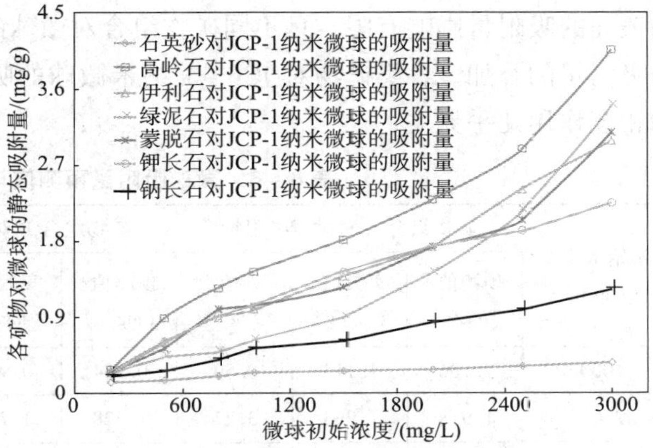

图 4－9 微球在单组分矿物表面的吸附量随初始浓度的变化曲线

二、多组分矿物吸附微球量的预测与验证

如表 4－4 所示，笔者调研了典型油田各岩石矿物的相对含量：矿物组合 A 来自姬塬油田，矿物组合 B 来自合水油田，矿物组合 C 来自华庆油田。依照各油田的矿物相对含量制成多组分矿物组合，在不同初始浓度下，测定微球分别在矿物组合 A、矿物组合 B、矿物组合 C 表面的静态吸附量。

表 4－4 不同相对含量的多组分矿物组合

矿　物	矿物组合 A		矿物组合 B		矿物组合 C	
	相对含量/%	矿物质量/g	相对含量/%	矿物质量/g	相对含量/%	矿物质量/g
高岭石	48. 87	3. 932	14. 44	0. 866	1. 52	0. 091
伊利石	21. 84	1. 310	57. 34	3. 440	65. 69	3. 941
绿泥石	29. 29	1. 757	28. 22	1. 693	33. 79	1. 967

通过两种测量路径实现对多组分矿物表面微球吸附量的测定。一是基于微球在多组分矿物表面的吸附量测定实验直接得到实测值；二是基于微球在单组分矿物表面的吸附量，将不同矿物组合中的矿物相对含量作为权重进行加权计算，进而预测出微球在不同矿物组合表面的吸附量。简言之，不同相对含量的矿物组合表面的吸附量预测值是微球在单组分

矿物表面的吸附量的叠加，其计算如式(4－2)所示：

$$\Gamma_{\text{predict}} = \sum_{i=1}^{n} \Gamma_n \alpha_n \tag{4-2}$$

式中　Γ_{predict}——吸附量预测值，mg/g；

Γ_n——单组分矿物对微球的吸附量实测值，mg/g；

α_n——各岩石矿物的相对含量,%。

如表4－5所示，预测值与实测值相近，说明不同类型矿物间的相互作用对微球在矿物表面的吸附量影响有限，且不同矿物组合对微球的吸附量近似等于各类矿物单独对微球的吸附量的叠加。各类矿物对JCP－1纳米微球的吸附能力由矿物自身决定，与各矿物间的相互作用几乎无关。

表4－5　微球吸附量预测值与实测值的对比

初始浓度/(mg/L)	矿物组合A对微球吸附量			矿物组合B对微球吸附量			矿物组合C对微球吸附量		
	预测值/(mg/g)	实测值/(mg/g)	误差/%	预测值/(mg/g)	实测值/(mg/g)	误差/%	预测值/(mg/g)	实测值/(mg/g)	误差/%
1000	1.106	1.113	0.59	0.954	0.960	0.63	0.879	0.884	0.59
2000	1.918	1.963	3.27	1.728	1.734	0.32	1.642	1.657	0.91
3000	3.636	3.554	3.29	3.262	3.273	0.33	3.142	3.094	1.57

因此，在已知单组分矿物表面微球吸附量和矿物相对含量的情况下，可以直接预测微球在多组分矿物表面的吸附量，进而大幅简化测定步骤。运用这一叠加预测方法，可将JCP－1纳米微球在岩石矿物表面吸附量的预测值与实测值的误差控制在3%以内。

其一，证明了叠加方法的可靠性，即不同矿物组合对微球的吸附量近似等于各类矿物单独对微球吸附量的叠加；其二，说明各类矿物组合对微球的吸附能力是由各类矿物自身决定的，不同类型矿物间的相互作用对微球在矿物表面的吸附量影响甚微。将叠加方法运用于JCP－1纳米微球在多组分矿物表面的吸附量测定，可大幅简化吸附量测定步骤。

三、矿物含量对微球吸附量的影响

将7种不同的单种岩石矿物按照质量由小到大的顺序分别与不同已知浓度的纳米微球系列浓度标准液(1000mg/L、2000mg/L、3000mg/L)混合，水浴中恒温45℃(模拟地层温度)、超声分散10min，以保证微球与固相矿物细颗粒充分吸附，进而达到吸附平衡状态，随后按照矿物静态吸附微球的实验步骤进行操作，完成静态吸附量测定。最终分别得到随各矿物含量增加，不同初始浓度下JCP－1纳米微球在7种不同矿物表面的吸附量变化曲线。

图4－10给出了不同初始浓度下JCP－1纳米微球吸附量随矿物质量含量变化曲线，分析各曲线，可以得到如下规律：

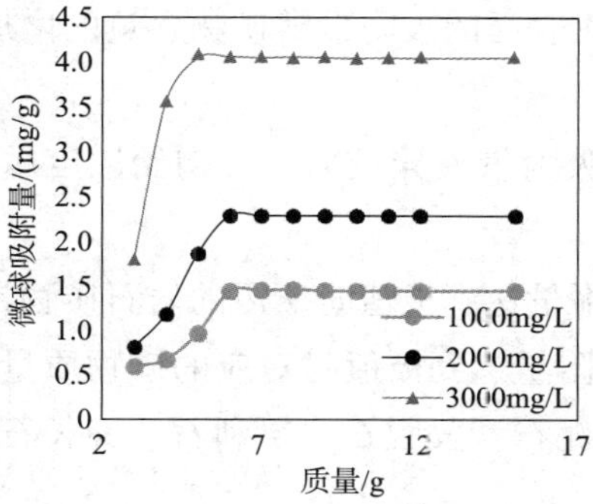

(a)高岭石

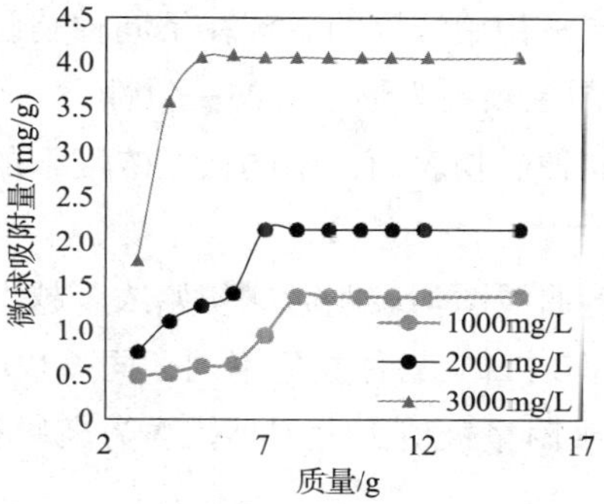

(b)绿泥石

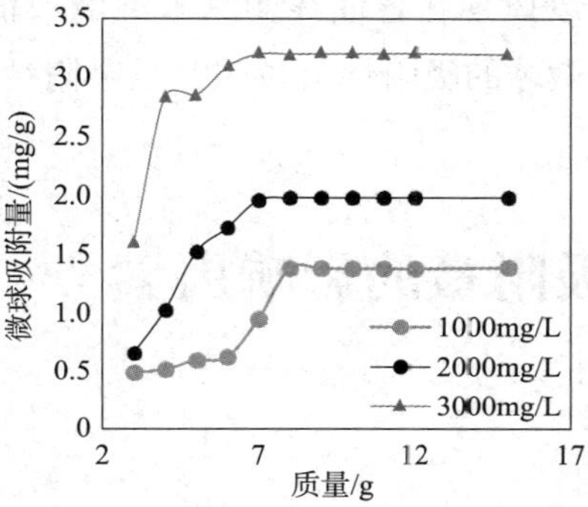

(c)蒙脱石

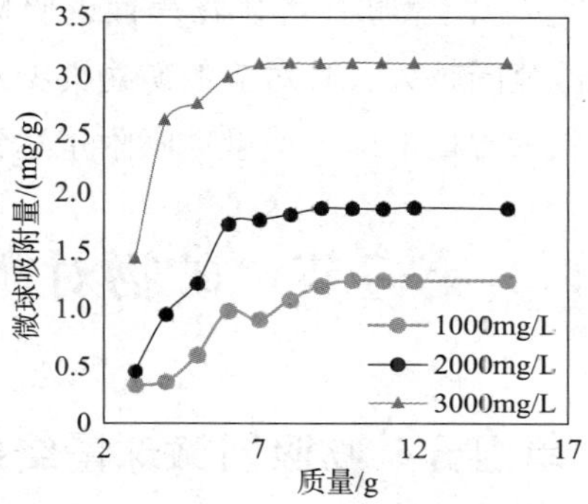

(d)伊利石

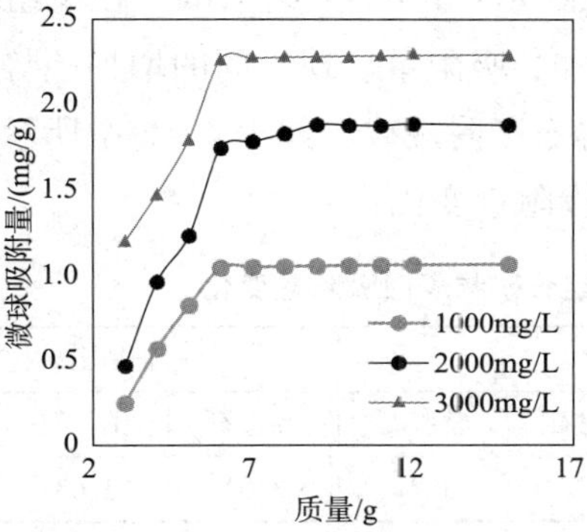

(e)钾长石

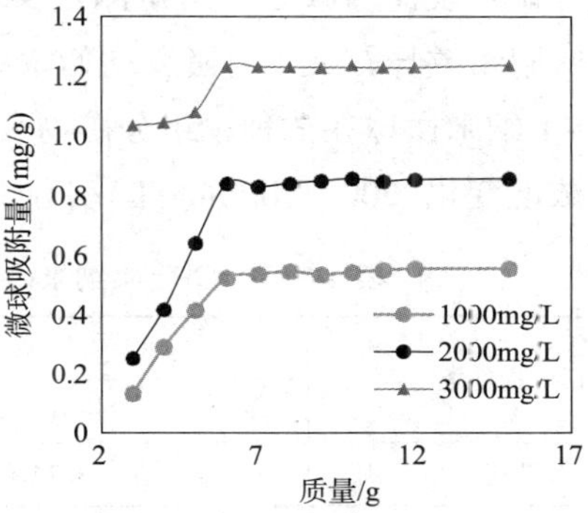

(f)钠长石

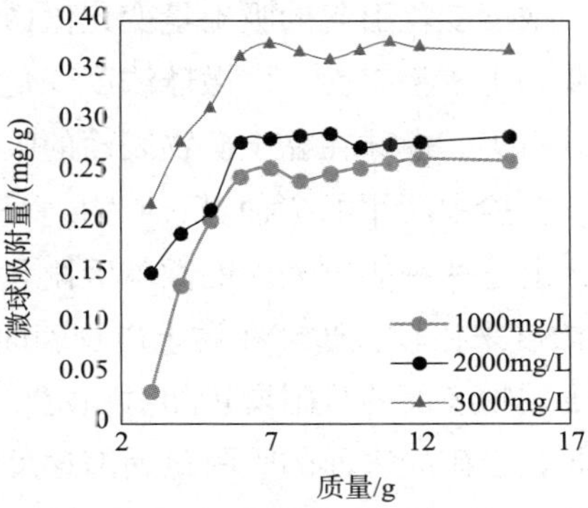

(g)石英

图 4－10　不同初始浓度下 JCP－1 纳米微球吸附量随矿物质量含量变化曲线

(1)同一初始浓度的微球在不同种类黏土矿物表面的吸附量随矿物含量的增加而增加，在各曲线图上表现为形态上的一致性。

(2)同种矿物表面，不同初始浓度下的微球吸附量差异较大，且初始浓度越大，微球吸附量越大。

(3)各曲线图均表明微球初始浓度越大，吸附量达到极值时所需的岩石矿物量就越少。并且，根据岩石矿物种类的不同，同一浓度下吸附量达到极值时对应的矿物质量也各不相同，这时吸附量极值由大到小依次为高岭石、绿泥石、蒙脱石、伊利石、钾长石、钠长石和石英。

(4)事实上，微球在各矿物表面的吸附性可以体现在各曲线图纵坐标的取值范围中，纵坐标取值范围越大，其对应的矿物类型对纳米微球的吸附性就越强，且吸附性强的矿物在极小的质量含量下即可使微球吸附量达到极值。

第三节　矿物对微球吸附量的影响因素

一、单组分矿物吸附微球量结果

单组分矿物表面的微球吸附量测定实验结果显示：JCP－1 纳米微球在单组分矿物表面的静态吸附量差异较大，且随其初始浓度的增加，吸附量呈现不同的增加趋势。为具体描述 JCP－1 纳米微球在 7 种单组分矿物表面的静态吸附规律，如表 4－6 中所示，列出由微球初始浓度变化(200～3000mg/L)引起的微球吸附量变化。

表 4－6　JCP－1 纳米微球在单组分矿物表面吸附量变化　mg/g

岩石矿物种类	黏土矿物				非黏土矿物		
	高岭石	伊利石	绿泥石	蒙脱石	钾长石	钠长石	石英
吸附量变化	3.78	3.74	3.17	3.84	3.02	1.03	0.24

在黏土矿物表面，由初始浓度变化引起的吸附量变化值由大到小依次为：高岭石＞绿泥石＞蒙脱石＞伊利石；在非黏土矿物表面，由微球浓度变化引起的吸附量变化值由大到小依次为：钾长石＞钠长石＞石英。微球在黏土矿物表面的吸附量变化值均大于其在非黏土矿物表面的吸附量变化值。实验中所用的 7 种岩石矿物，对微球吸附能力最强的是高岭石，吸附能力最弱的是石英，上述两种矿物表面的微球吸附量变化值相差 14.75 倍。若以初始浓度 500mg/L 的等间隔浓度来比较，微球在黏土矿物表面的静态吸附增量随初始浓度的增大而增加，微球在非黏土矿物表面的吸附增量相对稳定。微球在黏土矿物表面的吸附量递增速度整体上大于其在非黏土矿物表面的吸附量递增速度。钾长石表面的微球吸附量变化值分别是钠长石和石英表面微球吸附量变化值的 2.93 倍和 12.58 倍，钾长石对该类型微球表现出较另外两种非黏土矿物(钠长石、石英)更显著的吸附能力。

二、两个敏感因素对矿物表面微球吸附量的影响

1. 电解质含量对矿物表面微球吸附量的影响

依照岩石矿物静态吸附微球实验步骤，分别在6g蒙脱石、6g高岭石表面对质量浓度为3000mg/L的JCP－1纳米微球溶液进行吸附量测定。分析电解质含量对单一矿物表面微球吸附量的影响。

表4－7中相关数据表明：电解质含量对JCP－1纳米微球在黏土矿物表面的吸附是有影响的，且微球吸附量随电解质含量的增加持续上升。在蒸馏水中只存在极少量的电解质，此时JCP－1纳米微球在高岭石表面的吸附量和在蒙脱石表面的吸附量较少且相近；在不同类型的电解质溶液影响下，微球吸附量随电解质含量上升而整体呈现上升趋势。以各电解质含量处于1100mg/L左右时为例，氯化钠（NaCl）对JCP－1纳米微球吸附量影响较小，使微球在高岭石、蒙脱石表面的吸附量分别增加了5.48倍和4.99倍。而氯化钙（$CaCl_2$）对微球吸附量影响较大，使JCP－1纳米微球在高岭石、蒙脱石表面的吸附量分别增加了11.17倍和18.73倍；在相同离子强度下，对比钠离子（Na^+）和钙离子（Ca^{2+}）的吸附增加效应，后者比前者的吸附增强效应更明显，具体而言，当电解质含量在1100mg/L时，高岭石、蒙脱石对JCP－1纳米微球的吸附量在氯化钙（$CaCl_2$）溶液中分别是在氯化钠（NaCl）溶液中的1.88倍和3.29倍。这符合胶体化学中，阳离子价态越高，两质点间的静电斥力的减小幅度就越大的结论。反映在实验中，即比钠离子（Na^+）价态高的钙离子（Ca^{2+}）可使静电斥力减小，更有利于微球吸附。

表4－7　微球在高岭石、蒙脱石表面的吸附量

电解质类型	电解质含量/(mg/L)	在高岭石表面的吸附量/(mg/g)	在蒙脱石表面的吸附量/(mg/g)
氯化钠	58.4	0.390	0.315
	293.2	0.584	0.512
	584.4	0.889	0.768
	1168.9	1.005	0.923
氯化钙	111.0	0.645	1.322
	223.0	0.855	1.518
	554.9	1.657	3.816
	1109.8	1.887	3.038
蒸馏水	0	0.155	0.153

2. 温度对微球在矿物表面吸附量的影响

为研究纳米微球吸附性能对温度的依赖性，将温度控制在45～80℃之间，进行纳米微球在岩石矿物表面的吸附量测定实验。探究温度变化对纳米微球在岩石矿物表面的吸附量

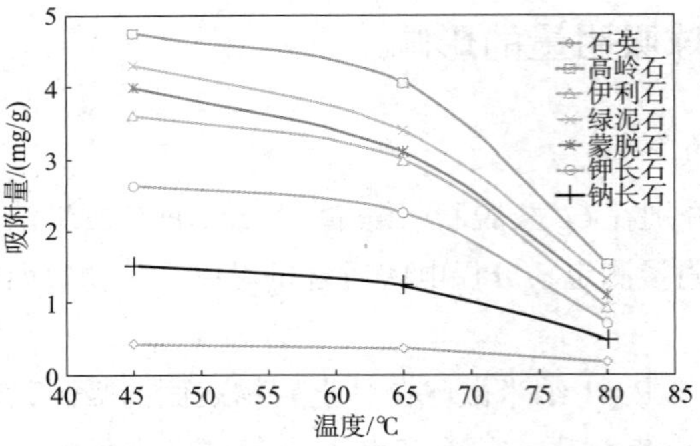

图 4－11　JCP－1 纳米微球在不同矿物中的吸附量随温度变化规律

变化的影响规律。实验结果如图 4－11 所示，随着温度的升高，微球在矿物表面的吸附量较为一致地呈现减少的趋势。

纳米微球在本质上是非离子的物质，随着温度的升高，吸附量的减少可能与保持纳米微球分子在岩石表面吸附的氢键断裂有关。根据勒夏特列原理，一般而言，吸附过程是一个放热过程，温度的升高不利于吸附。从而，随着温度的升高，吸附量减少。本实验中纳米微球的吸附量随温度的升高整体呈下降态势，与利用勒夏特列原理判断的结果相一致。

事实上，在非定温、定压状态下，不同体系中吉布斯自由能的变化是多样的。温度对其他高分子的吸附量影响规律并不一定与 JCP－1 纳米微球的吸附量变化规律相一致。可见温度对纳米微球在岩石矿物表面的吸附量影响机理是复杂的。

三、两个因素对吸附量的影响显著性

为分析初始浓度、矿物相对含量两个因素对吸附量影响的显著性，运用二元方差分析的数学方法对不同 JCP－1 纳米微球溶液浓度、不同油田黏土矿物相对含量的典型油田区块进行针对微球吸附量影响的显著性检验。

本实验涉及典型油田(姬塬油田、华庆油田、合水油田)的黏土矿物相对含量与 JCP－1 纳米微球溶液的质量浓度分别对应 A、B 两个因子。其中：不同典型油田区块的黏土矿物含量(A_1 为姬塬油田、A_2 为华庆油田、A_3为合水油田)对应因子 A，不同纳米微球溶液的质量浓度(B_1 为 1000mg/L、B_2 为 2000mg/L、B_3为 3000mg/L)对应因子 B。两因子各涉及三种水平(即 $r=s=3$)。

将测得的吸附量值对应填入表 4－8 所示的二元方差分析原始数据表中。

表 4－8　二元方差分析原始数据表

因子 A 或因子 B	B_1	B_2	B_3	$\overline{X}_i$
A_1	0.884	3.040	3.528	3.151
A_2	0.552	1.785	3.451	1.929
A_3	0.297	1.810	3.171	1.759
$\overline{X}_j$	0.578	1.878	3.383	1.946

假定吸附量为母体 X_{ij}，具有正态分布 $N(\mu_{ij}\sigma^2)$，其中 $\mu_{ij}=\mu+\alpha_i+\beta_j$，$i=1，2，3$；$j=1，2，3$。$r=3$，$s=3$，而 $\sum^{r}\alpha_i=0$，$\sum^{s}\beta_i=0$。其中，α_i 是因子 A 在水平 A_i 的效应，反映水平 A_i 在母体(吸附量)平均数上所引起的偏差。同样，β_i 是因子 B 在水平 B_i 的效

应，反映 B_j 在母体(吸附量)平均数上引起的偏差。

在母体(吸附量)上作如下假设：

H_{01}：$\alpha_1=\alpha_2=\alpha_3=0$，若 H_{01} 成立，则 μ_{ij} 与 j 无关，说明因子 A 对静态吸附量无显著影响。

同样，H_{02}：$\beta_1=\beta_2=\beta_3=0$，若 H_{02} 成立，则 μ_{ij} 与 j 无关，说明因子 B 对静态吸附量无显著影响。

分别计算表 4-9 中的相关参数，最终计算出 F_A 和 F_B 的值。

表 4-9　非重复实验二元方差分析表

来　源	离　差	自由度	均方离差	F 值
因子 A	0.2318	2	0.1159	$F_A=8.1049$
因子 B	11.8231	2	5.9115	$F_B=413.3916$
误差	0.0571	4	0.0143	—
总和	13.1120	8	—	—

若将显著水平设定为 $\alpha=5\%$，则查表可得到 $F_{0.05}(2,4)=6.94$，通过比较，易得 $F_A=8.1049>6.94$，$F_B=413.3916\gg6.94$。因而，典型油田(姬塬油田、华庆油田、合水油田)黏土矿物相对含量、纳米微球溶液的质量浓度均对微球在黏土矿物表面的静态吸附量影响显著。

第四节　岩石矿物吸附微球对液流转向的影响

一、传统调剖理论

如图 4-12 所示，传统调驱理论认为调驱剂按照一定孔喉直径比进入相应孔喉发生匹配或桥堵后，形成局部附加压力梯度，该局部附加压力梯度 ΔP 与驱替压力 P 的合力促使后续液流发生转向，从而驱动之前未被启动的旁路孔喉中的剩余油；局部压力的继续升高可使微球变形通过孔喉，使微球继续向深部逐级运移，从而实现深部多级调剖。传统调驱理论的实质是在相对高渗层由单个微球封堵或多个微球形成桥接，从而阻隔后续流体的流动，迫使后续流体流向相对低渗层，从而驱动低渗层中的剩余油。

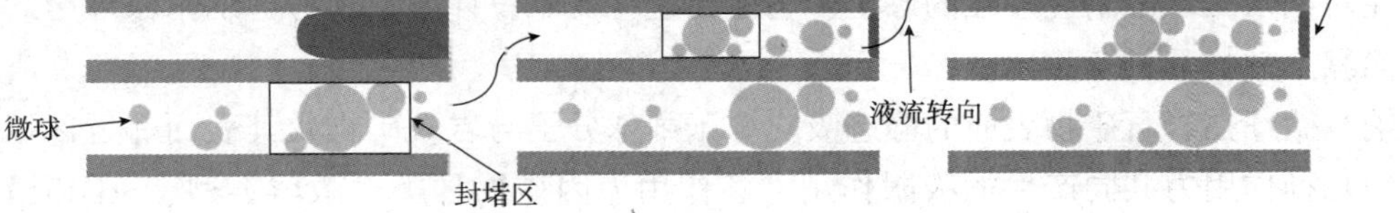

图 4-12　传统调驱理论示意图

二、基于吸附作用的部分液流转向机理

基于JCP－1纳米微球在岩石矿物表面的吸附规律，发现黏土矿物比非黏土矿物对JCP－1纳米微球的吸附性更强，而吸附作用效果主要受电中和作用影响。电中和作用平衡掉阴离子与黏土矿物间的静电斥力，使斥力小于吸附力，达到提高吸附量的目的。同时，电中和作用还可使黏土矿物表面结构发生变化，旋转半径减小，单位比表面积上的微球吸附量增加。基于此，认为在黏土矿物相对较高的储层中存在黏土矿物对微球的吸附作用，并由此引发滞留现象。因而，将JCP－1纳米微球在黏土矿物相对较高地层孔隙中产生滞留的主要原因归结为吸附作用。除电中和作用，引起微球吸附作用效果的力还有纳米微球与岩石壁面间的分子间作用力、摩擦阻力，水流驱动力，纳米微球与溶剂间的摩擦阻力、浮力，纳米微球流动时与壁面间的弹力、重力、惯性力等(图4－13)。

图4－13　注入纳米微球增加孔道内的比表面积

因此，无论是封堵、桥接，还是不完全封堵，均是以增大岩石孔道内的比表面积为根本出发点。

由Kozeny－Carman公式，如式(4－3)所示：

$$K=\frac{\phi^3}{kS^2}\times10^8=\frac{\phi^3}{kS_S^2(1-\phi)^2}\times10^8=\frac{\phi^3}{kS_P^2}\times10^8 \qquad (4-3)$$

式中　K——岩石渗透率，μm^2；

S——比面(外表体积比面)，cm^2/cm^3；

S_S——比面(骨架体积比面)，cm^2/cm^3；

S_P——比面(孔隙体积比面)，cm^2/cm^3；

k——高氏常数，一般取5。

基于Kozeny－Carman公式，进入孔道的纳米微球因吸附作用而滞留于孔道壁面上，使孔道内的比表面积增大，进而大幅降低所在渗流通道的渗透率，也增大了该通道的液流阻力，进而有利于后续流体在不完全封堵条件下的“部分液流转向”，增大波及体积。因而，在对纳米微球吸附性较强的黏土矿物地层进行调驱设计时，须考虑纳米微球与岩石孔隙壁面黏土矿物的相互作用。

纳米微球在岩石矿物表面的静态吸附源于微球分子与岩石矿物及其表面邻近区域内分子间的几种作用力共同产生的吸附作用。各作用力因矿物种类、微球类型、pH和微球溶液浓度等因素的不同，对吸附作用效果的贡献程度也不同，主要作用力包括静电力、共价

键力、微球和岩石界面附近矿物间的氢键力或非极性键力、微球分子间的范德华力等。实验结果表明，黏土矿物对 JCP－1 纳米微球的吸附能力强于非黏土矿物对其的吸附能力。

黏土矿物一般为结构疏松的层状硅酸盐结构，其比表面积大、吸附能力强。氢键、静电力与化学键合作用是纳米微球在黏土矿物表面吸附的主要机理。其中，纳米微球体系中“氨基基团”和黏土矿物表面的“自由羟基”之间往往形成氢键。黏土矿物表面带负电荷，微球体系中的阴离子与黏土矿物之间存在静电斥力，要使二者发生吸附则需要克服两者之间的静电斥力。JCP－1 纳米微球溶液中存在盐类电解质，可通过电中和作用产生吸附力，从而平衡掉阴离子与黏土矿物间的静电斥力，使斥力小于吸附力，达到提高吸附量的目的。同时，电中和作用还可使黏土矿物表面结构发生变化，旋转半径减小，单位比表面积上的微球吸附量增加。因而，在微球调驱研究中考虑黏土矿物吸附因素是很有必要的。

非黏土矿物对 JCP－1 纳米微球的吸附以物理吸附为主。长石、石英作为硅酸盐造岩矿物，其颗粒比表面积较小，提供的相应吸附接触点位数量较少，物理吸附能力也较弱。与长石相比，石英颗粒结构更为致密，因而在同等条件下，长石表面的微球吸附量大于石英表面的吸附量，石英吸附量最小、吸附能力也最弱。此外，通过对比钾长石和钠长石在同一目数下的比表面积发现：S_S(钾长石)$=5.746m^2/g$；S_S(钠长石)$=3.381m^2/g$，钾长石比表面积相对较大，能够提供更多的吸附接触点位。因此，钾长石对微球的吸附能力强于钠长石。

以上分析表明：不同岩石矿物对微球的吸附能力差异很大。微球与岩石的吸附通常是不可逆的，其吸附后所形成的结构较为稳定。黏土矿物具有较强的吸附能力，存在于岩石孔隙壁面上，加剧了微球运移过程中的固液界面吸附。当黏土矿物含量相对较高时，矿物在孔隙内壁上的吸附必然引起孔隙内部结构的改变，尤其是对孔隙半径的改变。大孔径的孔隙渗流阻力远小于细小孔隙的渗流阻力，使得微球容易进入大孔径的孔隙中。如图 4－14 所示，微球在其与岩石孔隙壁面相互作用力下，吸附于大孔径的孔隙壁面上，使孔隙半径减小。大孔道中的聚合物吸附量增加导致孔道的半径趋近于相对较小孔道，其相对较大孔道的渗透率降低，迫使部分液流流向小孔道，实现在“不完全封堵”条件下的“部分液流转向”，进而扩大波及体积。

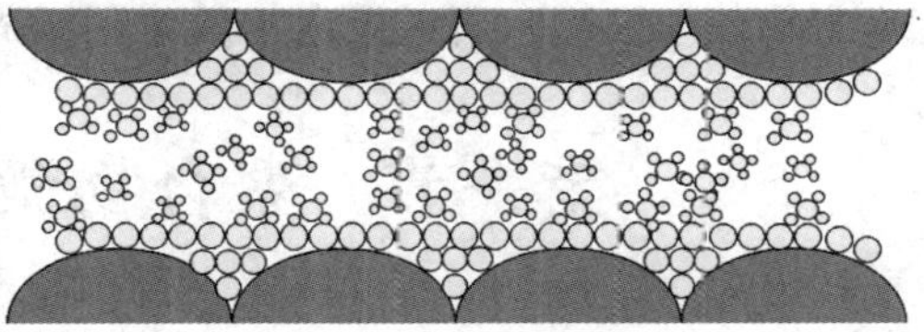

图 4－14　微球在岩石孔隙壁面的吸附现象

第五章　聚合物微球调驱理论研究

聚合物微球发挥作用的一个关键是其在地层孔喉中的作用方式，本章主要研究纳米聚合物微球在地层孔喉中的作用方式，并研究纳米聚合物微球作用后，对后续注入液流的影响。同时，提出了聚合物微球被注入后滞留在孔喉表面进而改变了孔喉的内比表面积是影响储层渗透率的新机理这一观点，基于该理论建立了液流在非均质储层中部分转向的新概念，并综合微观图片及力学分析研究了聚合物微球在孔喉表面滞留的存在性及条件。

比面是指单位体积岩石内岩石骨架的总表面积或单位体积岩石内总孔隙的内表面积。孔隙度能够衡量岩石孔隙体积，而比面是衡量岩石内孔隙面积的重要指标。注入聚合物微球乳液后，微球进入孔喉，可直接影响岩石比面，进而影响岩石的渗透率。增大岩石的内比表面积是聚合物微球封堵孔喉的根本机理，而学者们提出的孔喉封堵理论并不是聚合物微球发挥深部调驱作用的主要机理，本章通过建立增大内比表面积降低渗透率数学模型和孔喉封堵数学模型，研究聚合物微球深部调驱的主控机理。

第一节　聚合物微球在孔喉内表面沉积

一、微球在岩石表面附着及受力分析

1. *微球在岩石表面的附着、沉积现象*

储层属于典型的多孔介质，聚合物微球在储层迁移过程中，受表面吸附、机械捕获、水动力学捕集和弹性微球颗粒之间相互作用的影响。姚传进等在做微观实验时发现小粒径聚合物微球存在滞留现象，说明纳米聚合物微球滞留是真实存在的。他们采用由透明有机玻璃板制成的微观可视化模型对聚合物微球开展微观实验，发现了聚合物微球在岩石中优先进入渗流阻力较低的大孔道，并在大孔道中继续运移，如图 5－1 所示，在运移过程中受到胶体力及液流作用的影响，部分小粒径聚合物微球会在多孔介质的孔隙表面和喉道处产生滞留现象，并发现大粒径聚合物微球主要作用形式为单个卡堵、变形运移，而小粒径聚合物微球更多是滞留在岩石颗粒表面。与卡堵、架桥等现象相比，岩石颗粒表面沉积是储层捕获聚合物微球的一种广泛存在的形式。

图 5－1 中所示的实验结果是姚传进等通过在有机玻璃板中间填充透明的石英砂来模拟储层多孔介质得到的，实验中采用的石英砂主要成分为 SiO_2，成分构成简单，分选性

好，表面较为光滑，聚合物微球可以近似为在光滑表面沉积。真实储层岩石颗粒是由不同矿物胶结而成的，富含黏土，组成复杂，通过对砂岩进行扫描电镜测试可以看到，岩石颗粒表面十分粗糙，和石英砂表面相比，一旦被岩石颗粒表面捕获，聚合物微球想要脱离真实岩石颗粒表面，需要的力学条件就变得十分苛刻，如图 5－2 所示。储层真实砂岩粗糙不平的表面为聚合物微球大量沉积提供了有利条件。

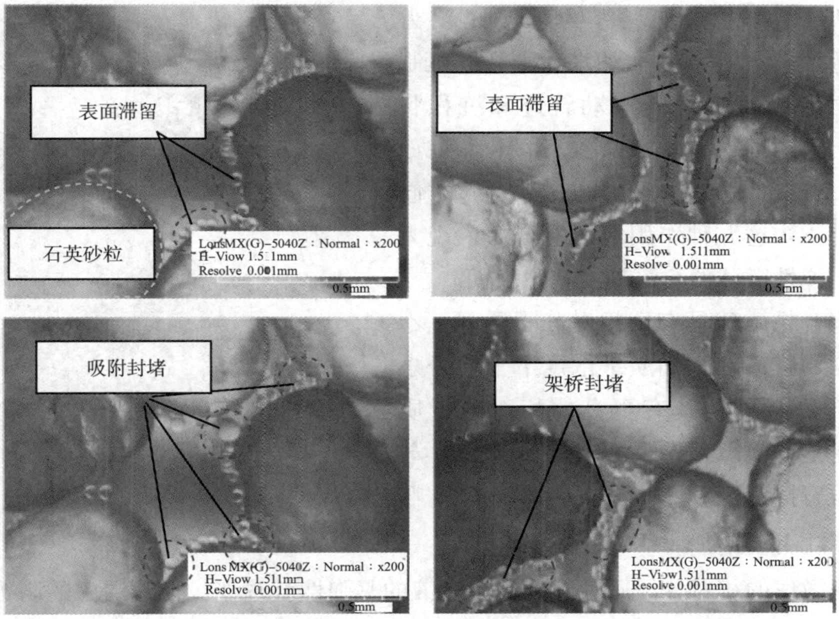

图 5－1　聚合物微球在岩石表面沉积的显微照片

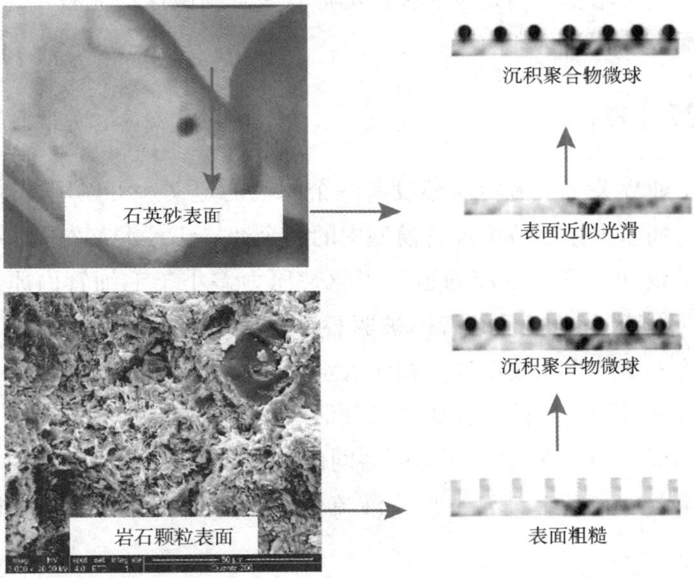

图 5－2　石英砂表面和岩石颗粒表面沉积聚合物微球示意图

2. 表面沉积力学条件

弹性微球能否沉积在孔隙表面取决于弹性微球和孔隙表面的力学性质，以及弹性微球和流体之间的相互作用。有学者指出，胶体颗粒与岩石孔隙表面之间存在四种不同性质的作用力，即范德华吸引力(F_v)、双电子层斥力(F_e)、Born 斥力(F_b)和酸基相互作用力(F_a)，这四种力属于胶体力；同时，弹性微球与流动的流体之间存在五种水动力，即拖拽力(F_d)、摩擦阻力(F_r)、浮力(F_f)、重力(F_g)和惯性力(F_i)。胶体力和水动力共同控制着弹性微球在孔隙表面的运动轨迹和沉积状态。作用于弹性微球的胶体力和水动力如图 5－3 所示，图中箭头的方向表示力的方向或液流方向。当这九种作用力的总合力表现为吸附力时，弹性微球便会沉积在孔隙表面。

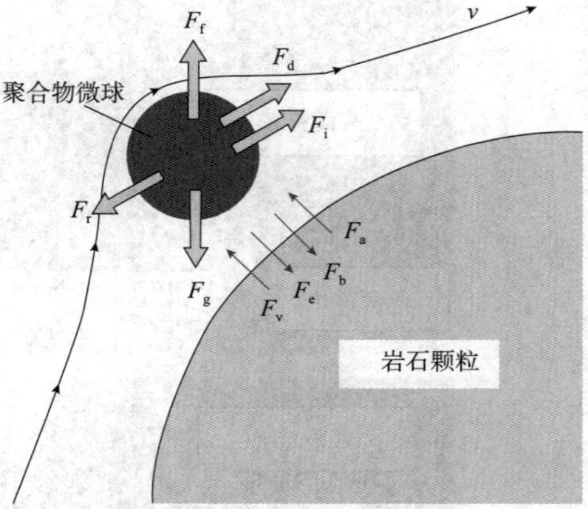

图 5－3　聚合物微球受力分析

纳米聚合物微球具有高相对分子质量。不同粒径聚合物微球在相同质量浓度下，粒径小的纳米聚合物微球就具有更高的相对分子质量，具有更多的微球数量。比表面积越大，与地层孔喉岩石接触面积越大，滞留在地层孔喉表面的概率就大大增加。

聚合物微球的相对分子质量越高，其溶液的黏弹性就越强，在地层中的阻力系数就越大，驱油效果越好。以前学者们也普遍认为，高相对分子质量的聚合物会导致发生大量滞留，从而形成近井地带堵塞，但是具有弹性的球状聚合物微球却克服了这个缺点，具有优异的运移能力，而在油藏深部滞留。

二、液流部分转向

目前，石油工业界关于液流转向还没有一个明确的定义。可以用图 5－4 来表述液流转向的含义，一定的压力差驱替毛细管模型中的剩余油，注入水首先驱替出阻力较小的大半径毛细管内的剩余油，形成水流通道，当驱替压力差小于毛细管内原油启动压力，即 $\Delta P < P_c$ 时，原油不能从小半径毛细管内被驱替出，从而形成剩余油，注入的水沿着大半径毛细管流动，注入水产生无效循环。在注入水中加入聚合物微球乳液后，聚合物微球在大半径毛细管中通过卡堵、架桥、叠加封堵等形式在孔喉处对水相产生物理阻挡，并产生附加压力 P_m，由于附加压力和驱替压力的共同作用，即当 $\Delta P + P_m > P_c$ 时，水相被强制从大半径毛细管绕流至小半径毛细管，形成液流转向，同时驱替出较小半径毛细管内的剩余油。

图 5－4 所述的液流转向，指的是注入的流体完全被聚合物微球物理隔挡，注入流体完全改变了流动趋势，从向大孔的流动完全转为向小孔的流动。通过研究发现，在注入聚

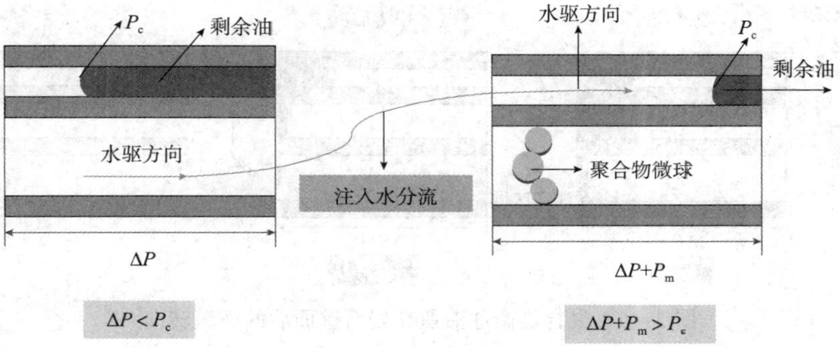

图 5－4　聚合物微球导致液流转向示意图

合物微球乳液地层中，不仅存在前人所述的液流转向（图 5－4），还存在液流部分转向。我们用图 5－5 来描述液流部分转向的含义。当注入地层中的聚合物微球的尺寸远小于地层孔喉尺寸时，微球在大孔内表面沉积，减小了渗流半径，产生了附加阻力 P_m，当 $\Delta P + P_m > P_c$ 时，注入流体的流动趋势由绝对地向大孔转为向小孔和大孔，由于聚合物微球并没有完全物理阻隔注入流体，所以液流只发生了部分转向。

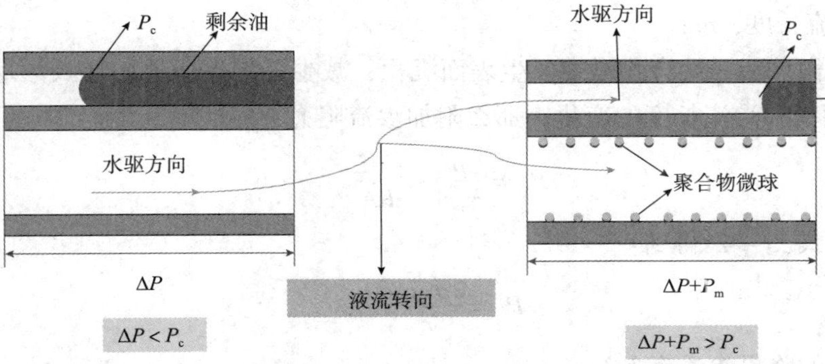

图 5－5　聚合物微球沉积在岩石壁面后的液流部分转向示意图

如前所述，图 5－4 中说明的液流转向，是指注入的驱替液被聚合物微球等调驱剂全部隔挡，注入的驱替液完全改变了流动方向，由流向水窜层、大孔完全转为流向小孔。通过物理模拟实验及相关研究发现，纳米聚合物微球被注入地层中，主要作用方式是发生液流部分转向。首先定义并描述部分液流转向，如图 5－6 所示，当注入地层中的纳米聚合物微球粒径远小于储层孔喉尺寸时，纳米聚合物微球在大孔喉表面滞留，产生一定的附加渗流阻力 P_m，当驱替压力与附加渗流阻力大于毛细管阻力时，即 $\Delta P + P_m > P_c$ 时，部分注入流体的流动趋势为从绝对的大孔转为小孔，并仍有一小部分流体继续沿着大孔前进。由于纳米聚合物微球并没有完全物理阻隔注入流体，所以液流只发生了部分转向。

通过分析可以看出，发生液流部分转向的临界力学条件可以表述为：

$$\Delta P + P_m = P_c \tag{5-1}$$

注入聚合物微球前不存在纳米聚合物微球在孔喉表面滞留时，ΔP 可由达西定律得到，如式(5－2)所示：

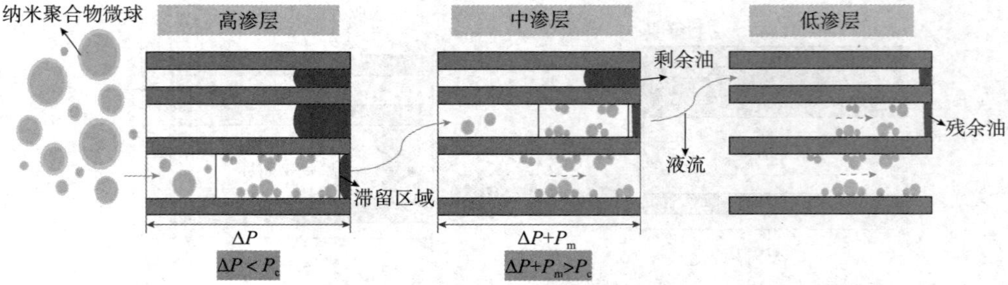

图 5－6　聚合物微球滞留在岩石壁面后的液流转向

$$\Delta P = \frac{Q\mu L}{KA} \tag{5-2}$$

式中　Q——流量，cm^3/s；

A——横截面积，cm^2；

K——渗透率，μm^2；

ΔP——渗流压差，Pa；

μ——流体黏度，Pa · s；

L——渗流长度，cm。

注入聚合物微球后，聚合物微球发生表面沉积，减少了渗流通道，导致渗透率降低为K_m，忽略横截面积和渗流长度的变化，那么附加渗流阻力 P_m可以表示为：

$$P_m = \frac{Q\mu L}{K_m A} - \frac{Q\mu L}{KA} \tag{5-3}$$

其中，P_c可以由式(5－4)得到：

$$P_c = \frac{2\sigma\cos\theta}{r_q} \tag{5-4}$$

可得到液流转向的临界渗透率 K_c：

$$K_c = \frac{Q\mu L r_1}{2\sigma A\cos\theta} \tag{5-5}$$

式(5－5)即渗透率降低临界条件。由式(5－5)可知，当聚合物微球发生表面沉积后，大孔道的渗透率降低，当渗透率降低到满足临界条件时，就会发生液流部分转向。进而可知，确定聚合物微球发生表面沉积后的渗透率是判断是否存在液流部分转向的核心。

三、微球在岩石表面沉积的渗透率衰减模型

比面是指单位体积岩石内岩石骨架的总表面积或单位体积岩石内总孔隙的内表面积。假设储层岩石颗粒接触方式为点接触，则比面就是所有颗粒的总表面积，比面的数学表达式如式(5－6)所示：

$$S = \frac{A}{V} \tag{5-6}$$

式中　S——岩石比面，cm^2/cm^3或 $1/cm$；

A——岩石颗粒的总表面积，cm^2；

V——岩石外表体积(或视体积)，cm^3。

比面对储层中流体的影响巨大，它可以决定许多储层性质。对岩石比面大小影响因素主要有以下几点：①岩石颗粒粒径；②排列方式；③岩石颗粒的形状。例如，圆形颗粒要比不规则形状颗粒的比面小；岩石颗粒之间其他物质含量多的岩石的比面小于其他物质含量少的岩石的比面。

在实际应用和公式推导中，也有将比面定义中的分母采用不同的体积来定义的情况。例如，除以岩石外表体积 V 定义，还采用以颗粒骨架体积 V_S 和孔隙体积 V_D 为基准的三种比面，如式(5-7)所示：

$$S=\frac{A}{V};\ S_S=\frac{A}{V_S};\ S_P=\frac{A}{V_P} \tag{5-7}$$

式中　S——基于岩石外表体积的比面，cm^2/cm^3；

S_S——基于岩石骨架体积的比面，cm^2/cm^3；

S_P——基于岩石孔隙体积的比面，cm^2/cm^3。

一般情况下，未加注明时，岩石比面是指以岩石外表体积为基准的比面。

孔隙度能够衡量岩石孔隙体积，而比面是衡量岩石内孔隙面积的重要指标。在使用纳米聚合物微球调驱过程中，微球在孔隙表面产生作用可直接影响岩石比面，进而影响储层的渗透率。增大岩石的内比表面积是聚合物微球封堵孔喉的根本机理。

如图5-7(a)所示，聚合物微球封堵在孔喉内，发生微球封堵后，孔喉的内表面积(含微球)明显增大，以及孔喉的内比表面积增大。如图5-7(b)所示，聚合物微球滞留在孔隙表面上，微球的更多部分暴露在孔隙内，进一步增大了内表面积。

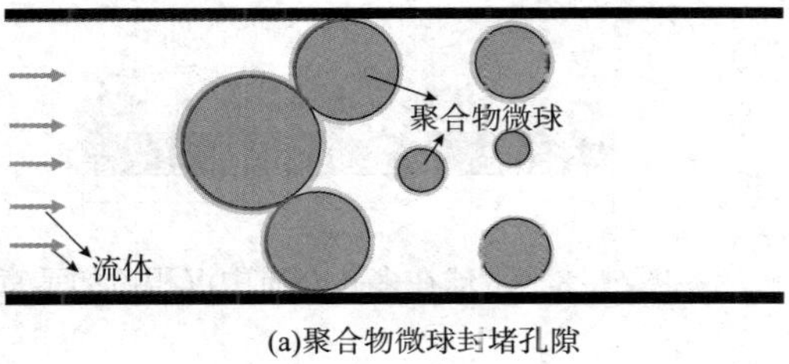

(a)聚合物微球封堵孔隙

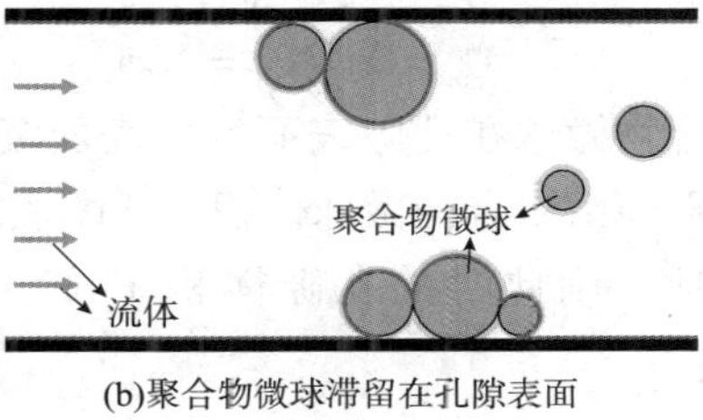

(b)聚合物微球滞留在孔隙表面

图5-7　聚合物微球在孔喉中的作用

比面的测定又有直接法和间接法两种，岩石的性质(如胶结情况)不同，采用的方法也不同。采用不同的方法，所得到的结果也会不同，因为用不同的方法测量的是意义不同的比面。在任何情况下，我们都应当根据岩石的实际情况，按照要解决的问题来选择比面的定义及测量方法。

根据流体对岩石(或其他粉末颗粒层)的透过性来求比表面积的方法称为透过法。以空气作为流体的空气透过法较为常用。对较粗的且遇水不分散的和不膨胀的颗粒，也可用水作为流体。

假设岩石中流体通道为连续的颗粒间隙，即毛管束，流体以层流状态通过其中时，被润湿了的管壁面积即岩石的表面积。流体通过时的压力降 ΔP 可由实验时测得的水柱压差 H 代替。

1927 年，高才尼提出这种基于流体流动的方法，后来卡尔曼进行了修正，最后得到渗透率与比面的关系，如式(5－8)所示：

$$K=\frac{\phi^3}{kS^2}\times10^8=\frac{\phi^3}{kS_S{}^2(1-\phi)^2}\times10^8=\frac{\phi^3}{kS_P^2}\times10^8 \tag{5-8}$$

式中 K——岩石渗透率，μm^2；

S——比面(外表体积比面)，cm^2/cm^3；

S_S——比面(骨架体积比面)，cm^2/cm^3；

S_P——比面(孔隙体积比面)，cm^2/cm^3；

k——高氏常数，一般取 5。

式(5－8)同式(4－3)，从式(5－8)可以看出，岩石的比面越大，渗透率就越小。该式也是渗流数学模型的基础。

1. 模型建立

当聚合物微球在地层中满足表面沉积力学条件时，就会发生沉积，造成孔道变窄，进而影响多孔介质的渗透率。在推导聚合物微球表面沉积渗透率衰减模型过程中，主要有以下假设：①储层均质、各向同性，不可压缩；②孔隙中流体流动服从达西定律；③聚合物微球表面沉积过程不可逆，即不考虑已沉积颗粒的脱离过程；④聚合物微球在孔隙表面沉积时，不发生变形，聚合物微球均为等直径球体；⑤不考虑悬浮聚合物微球的影响。

选取如图 5－8 所示的储层单元体，长度为 L，半径为 r_2，横截面积为 A，初始孔隙度为 ϕ_i，则初始孔隙体积 V_{pi} 如式(5－9)所示：

$$V_{pi}=\pi r_2^2L\phi_i=AL\phi_i \tag{5-9}$$

当聚合物微球在孔隙表面发生表面沉积后，原孔隙空间由聚合物微球体积 V_d 和孔隙体积两部分组成，则此时的孔隙体积 V_p 如式(5－10)所示：

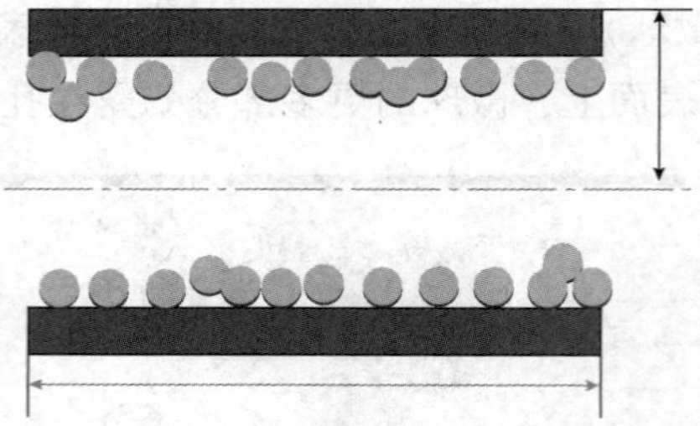

图 5－8 微球在多孔介质中沉积后的示意图

$$V_p=AL\phi_i-V_d \tag{5-10}$$

此时的孔隙度 ϕ 如式(5－11)所示：

$$\phi=\frac{V_p}{AL}=\frac{AL\phi_i-V_d}{AL} \tag{5-11}$$

聚合物微球体积 V_d 如式(5－12)所示：

$$V_d=ALn\frac{4}{3}\pi r_p^3 \tag{5-12}$$

式中 n——单位岩石表观体积沉积的聚合物微球个数；

A——岩心横截面积，cm^2；

r_p——聚合物微球半径。

将式(5－12)代入式(5－11)，得式(5－13)：

$$\phi = \phi_i - n\frac{4}{3}\pi r_p^3 \tag{5-13}$$

根据 Kozeny－Carman 方程，多孔介质的渗透率 K 可以表示为：

$$K = \frac{\phi^3}{C(1-\phi)^2 S^2} \tag{5-14}$$

式中 C——系数；

S——单位固体体积的表面积。

S 可以用式(5－15)表示：

$$S = \frac{2\pi r_2\sqrt{\phi_i}L + \pi r_2^2 Ln4\pi r_p^2}{\pi r_2^2 L(1-\phi_i)} = \frac{2\sqrt{\phi_i} + r_2 n4\pi r_p^2}{r_2(1-\phi_i)} \tag{5-15}$$

将式(5－13)和式(5－15)代入式(5－14)，得到聚合物微球沉积后多孔介质的渗透率，如式(5－16)所示：

$$K_p = \frac{\left(\phi_i - n\frac{4}{3}\pi r_p^3\right)^3}{C\left(1-\phi_i + n\frac{4}{3}\pi r_p^3\right)^2\left[\frac{2\sqrt{\phi_i} + r_2 n4\pi r_p^2}{r_2(1-\phi_i)}\right]^2} \tag{5-16}$$

不考虑聚合物微球表面沉积后球体之间的孔隙体积，那么微球数目的约束条件可以近似用式(5－17)表示：

$$n \leqslant \frac{3\phi_i}{4\pi r_p^3} \tag{5-17}$$

2. 算例分析

为了明确式(5－16)中各参数对聚合物微球沉积后储层渗透率的影响程度，进行算例分析。算例中选取的基础参数为鄂尔多斯盆地某区块长 6 储层的基础数据，$\phi_i = 13.7\%$，$K_i = 30\times10^{-3}\mu m^2$，其中系数 C 值为 2。

从图 5－9 中曲线可以看出，沉积的微球个数相同时，微球半径越大，渗透率越低；渗透率半径相同时，沉积的微球个数越多，渗透率越低。

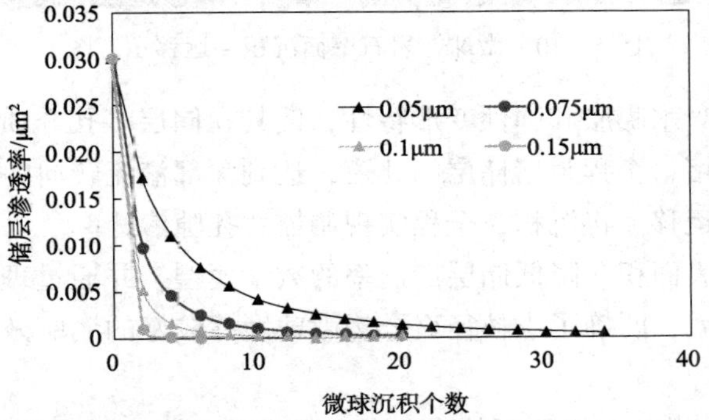

图 5－9 微球沉积个数与储层渗透率关系图

由式(5－17)可知，只要沉积一定数量的微球，就能满足式(5－5)的临界条件。

3. 实验验证

对不同粒径的聚合物微球进行了封堵性能评价，见表5－1。根据理论计算结果，800nm微球和孔喉匹配效果最好，封堵效果最好。实际实验结果表明，小粒径微球的封堵效果好。

表5－1 不同粒径微球填砂模型封堵性能评价结果

粒径/nm	注微球前水驱渗透率/$10^{-3}\mu m^2$	注微球后水驱渗透率/$10^{-3}\mu m^2$	阻力系数	残余阻力系数	封堵率/%
100	65.0	36.1	2.72	1.80	44.5
300	65.8	47.8	2.44	1.38	27.4
800	68.9	50.2	2.40	1.37	27.1

液流完全转向需要微球具有一定的变形能力、尺寸，以及可以被交联控制，条件更为复杂，通过室内实验，小粒径聚合物微球具有更好的效果，这是因为实现液流完全转向的条件太苛刻，而通过小粒径微球表面沉积实现液流部分转向则相对较容易，因而小粒径聚合物微球作用范围更广。

四、聚合物微球调驱微观机理

实验结果表明，壁面沉积的微球在一定条件下，也可以发生运移，从而实现深部调驱的可能(图5－10)。

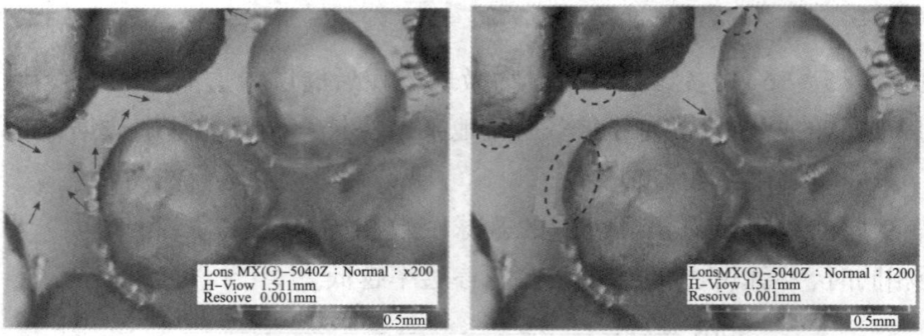

图5－10 微球在岩石壁面沉积－运移示意图

依靠弹性微球的吸水膨胀和弹性变形特性，使其在储层多孔介质中运移、封堵、弹性变形、再运移、再封堵，全程封堵储层的孔道，达到深部液流转向的目的。

运移、沉积、再运移、再沉积，全程实现调控大孔隙渗透率。

通过建立增大比表面积、降低储层渗透率的数学模型，并通过理论计算，确定微球个数和储层渗透率的关系，明确了小粒径聚合物微球发挥较好的调驱效果的作用机理，形成了以下认识：

(1)揭示了聚合物微球在岩石颗粒表面沉积导致液流发生转向的机理(图5－11)。

(2)建立了聚合物微球表面沉积造成储层渗透率下降的理论计算模型。

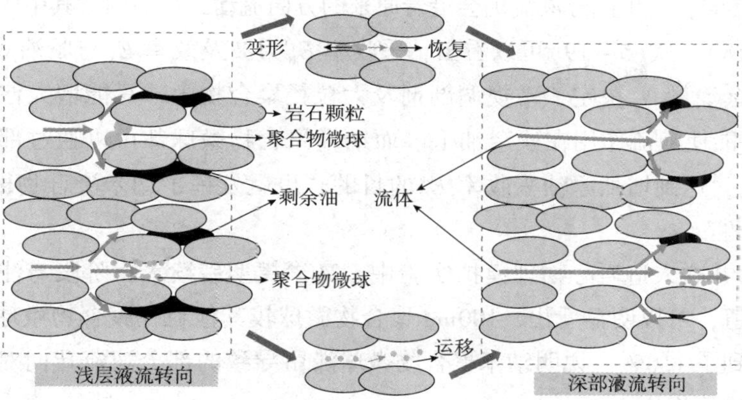

图 5-11 聚合物微球诱导的液流转向机理示意图

(3)小粒径的聚合物微球通过表面沉积使液流发生部分转向，也能产生较好的液流转向和调驱效果。

(4)液流部分转向和卡堵(物理隔挡)形成的液流完全转向共同调节液流方向，使得注入流体的优势渗流方向从向大孔转为向小孔。

由前面章节研究可知，纳米聚合物微球具有独特的性质及作用机理，其对提高原油采出程度的贡献，即其驱油机理还需要被进一步研究明确。

基于采收率的定义，对纳米聚合物微球的驱油效率进行描述。原油的采收率及驱油剂的驱油效率如式(5-18)、式(5-19)所示：

$$E_R = E_V \cdot E_D \tag{5-18}$$

$$E_D = \frac{N_{os} - N_{sr}}{N_{os}} \tag{5-19}$$

式中 E_R——原油的采收率,%；

E_V——波及效率；

E_D——驱油效率；

N_{os}——驱油剂波及区域内的原油地质储量，m^3；

N_{sr}——驱油剂波及区域内未被驱出的油量，即残余油量，m^3。

常规聚合物微球架桥封堵只带来一个问题，如图 5-12 所示。虽然解决了常规调剖剂前段封堵的缺点，但常规聚合物微球导致全部液流转向，使后续液流启动了剩余油。但对于驱替液驱替效率及地层孔喉复杂的情况，部分孔喉中的残余油也被常规聚合物微球封堵住而无法启动。

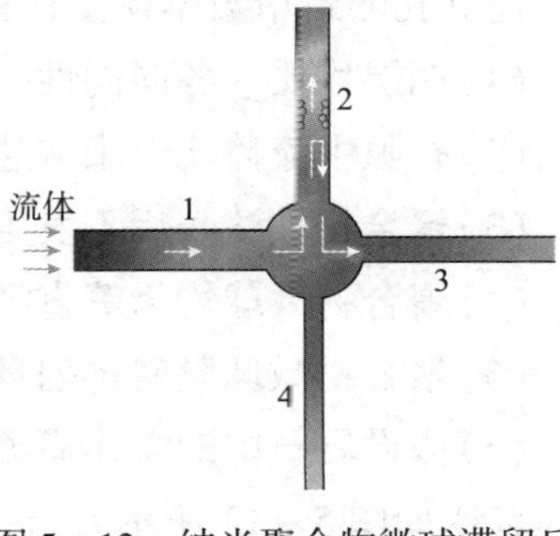

图 5-12 纳米聚合物微球滞留后液流驱替残余油

然而，纳米聚合物微球的作用方式与常规尺寸的聚合物微球不同，根据微观刻蚀玻璃物理模拟实验及液流部分转向机制，滞留后的聚合物微球会使大部分液流转向，而小部分液流仍会沿着原来的方向流动，从而驱替其中的残余油。

由式(5－18)、式(5－19)可以看出，采收率 E_R 为波及效率 E_V 与驱油效率 E_D 的乘积，驱油效率由残余油量 N_{sr} 决定，常规调剖剂及大粒径聚合物微球只能增大注入液流的波及效率 E_V，却不能使液流作用在残余油上。而纳米聚合物微球却可以通过部分液流转向减少残余油量 N_{sr}，达到增加原油采收率 E_R 的目的，也就发挥了纳米聚合物微球既能“调”，又能“驱”的特性。

表 5－2 为并联人造岩心物理模拟实验中，高渗模型后续水驱阶段与注微球阶段采收率增加量的比值，可以明显看出，100nm 聚合物微球较其他粒径聚合物微球在后续水驱中增加率大，达到了 116%，说明纳米聚合物微球滞留导致的部分液流转向对高渗岩心残余油的驱替具有显著作用。

表 5－2　高渗模型后续水驱与注微球采收率增加量比值

岩心编号	增加率/%
1－1(高渗)	116
2－1(高渗)	44
3－1(高渗)	43

第二节　聚合物微球孔喉封堵数学模型

学者们对聚合物微球调驱取得的认识主要是孔喉封堵理论，即聚合物微球粒径与孔喉直径相匹配，就能产生较好的封堵效果，基于这种认识，建立孔喉封堵数学模型，通过模型计算验证孔喉封堵理论是否合理。

一、模型建立

建立孔喉封堵数学模型，首先要对油藏性质、微球性能等进行假设，假设条件如下：

(1)储层均质、各向同性，不可压缩。

(2)孔隙中流体流动服从达西定律。

(3)聚合物被注入后不发生体积变形。

(4)聚合物微球均为等直径球体。

(5)聚合物微球紧密排列且为点接触。

(6)假设岩石中的流体通道为连续的颗粒间隙，即毛管束。

选取如图 5－13 所示岩石，长度为 L，半径为 r_2，横截面积为 A_o，初始孔隙度为 ϕ_i，岩石内孔隙体积 V_o 和内比表面积 A_o 分别用式(5－20)、式(5－21)所示：

$$V_o = A_o L\phi_i = \pi r_o^2 L\phi_i \tag{5-20}$$

$$A_o = 2\pi r_o L \tag{5-21}$$

式中　L——岩石长度；

r_o——岩石半径；

A_o——岩石面积；

ϕ_i——岩石初始孔隙度。

聚合物微球表面积 A_p 和体积 V_p 分别如式(5－22)、式(5－23)所示：

$$A_p = 4n\pi r_p^2 \tag{5-22}$$

$$V_p = \frac{4}{3}n\pi r_p^3 \tag{5-23}$$

式中　n——聚合物微球数量；

r_p——聚合物微球半径。

如图5－13所示，注入的聚合物微球外表面积即孔隙内增加的表面积，注入微球后的孔隙体积 V 和孔隙内表面积 A 分别如式(5－24)、式(5－25)所示：

$$V = \pi r_o^2 L\phi_o - \frac{4}{3}n\pi r_p^3 \tag{5-24}$$

$$A = A_p + A_o = 4n\pi r_p^2 + 2\pi r_o L \tag{5-25}$$

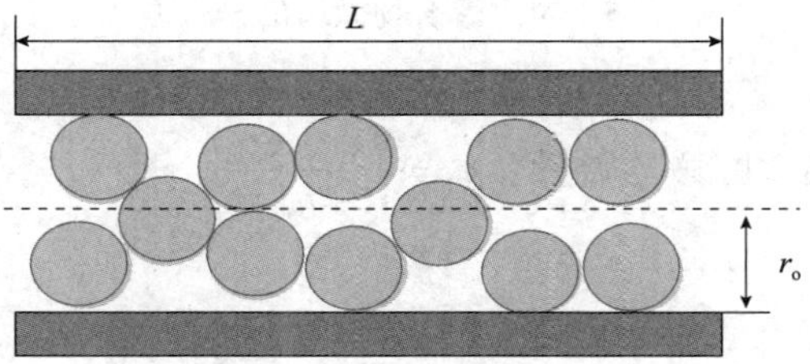

图5－13　微球在毛细管内聚集图

则，注入微球后毛细管内比表面积 S 如式(5－26)所示：

$$S = \frac{A_o + A_p}{V} = \frac{6r_o L + 12nr_p^2}{3r_o^2 L\phi_o - 4nr_p^3} \tag{5-26}$$

注入聚合物微球后的渗流形式符合 Kozeny－Carman 公式，简称 K－C 公式，如式(5－27)所示：

$$K = \frac{\phi}{CS_p^2} \tag{5-27}$$

式中　K——岩石的渗透率，μm^2；

S_p——以岩石孔隙体积为基准的比面，$1/\mu m$；

C——高才尼常数，一般取5。

将式(5－26)代入式(5－27)，可得式(5－28)：

$$K_p = \frac{(3r_o^2 L\phi_o - 4nr_p^3)^3}{\tau(r_o L + 2nr_p^2)^2 L\phi_o r_o^2},\ \tau = 72C \tag{5-28}$$

封堵率 η 如式(5－29)所示：

$$\eta = \frac{K - K_p}{K} = \frac{\phi_o - \dfrac{r_o L(3r_o^2 L\phi_o - 4nr_p^3)^3}{72(r_o L + 2nr_p^2)^2}}{\phi_o} \tag{5-29}$$

二、聚合物微球的极限数量

聚合物微球数量存在理论上限，微球在毛细管中呈规则的点接触排列，如图5－14所示，有两种规则排列方式，第二种方式单位体积内微球数量最多。

毛细管内的微球是多层堆叠的，首先对第 1 层微球数量进行求解。

如图 5－15 所示，第 1 圈微球数量：$n_1=\frac{\pi(r_o-r_p)}{r_p}$

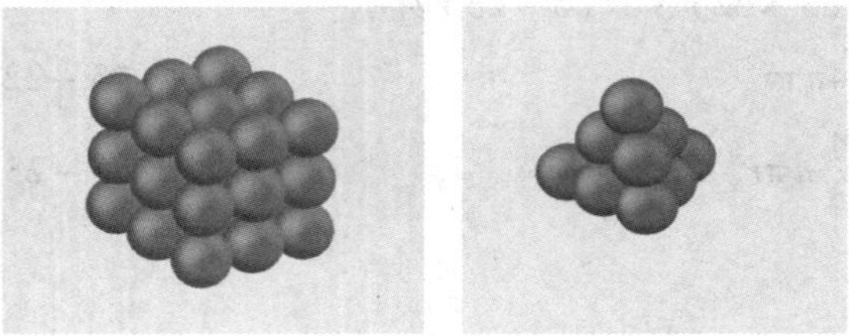

图 5－14　聚合物微球的排列方式

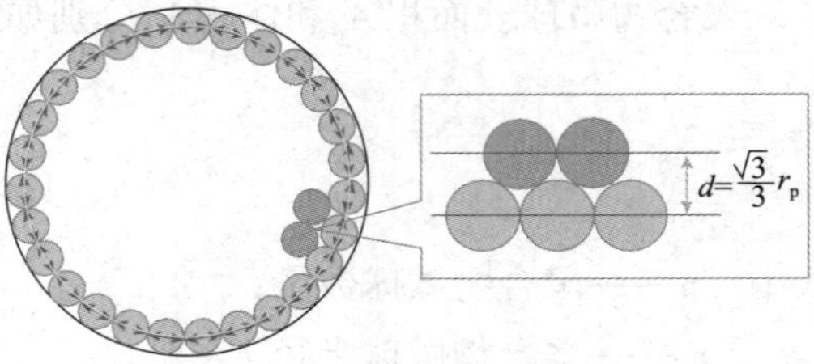

图 5－15　聚合物微球单层排列

第 2 圈微球数量：$n_2=\frac{\pi(r_o-r_p)}{r_p}$

……

第 m 圈微球数量：$n_2=\frac{\pi\left(r_o-\frac{\sqrt{3}}{3}mr_p\right)}{r_p}$，$m=\frac{r_o}{r_p}$

第 1 层的微球数：$n_1+n_2+\cdots+n_m=\frac{\pi n(r_o-r_p)}{r_p}+\frac{\sqrt{3}\frac{r_o}{r_p}\pi\left(\frac{r_o}{r_p-1}\right)}{6}$

整个毛细管内的微球数如式(5－30)所示：

$$n=\frac{(L-r_p)\sqrt{3}}{2}\left[\frac{\pi n(r_o-r_p)}{r_p}+\frac{\sqrt{3}\frac{r_o}{r_p}\pi\left(\frac{r_o}{r_p-1}\right)}{6}\right]+\frac{\pi(r_o-r_p)}{2r_p} \tag{5-30}$$

推大至体积为 V_o 的地层，其极限微球数如式(5－31)所示：

$$N=\frac{A_oL\phi_on}{2\pi Lr_o} \tag{5-31}$$

对于非均质地层，聚合物微球的理论数量上限应按照高渗层体积计算，如果超过这个数值，微球将进入低渗层，并将低渗层同时封堵，无法启动低渗层剩余油。

三、聚合物微球粒径与数量

由式(5－31)可得出，减小渗透率达到封堵目的可以采取增大微球粒径或者增加微球数量两种方式，但是聚合物微球的数量及粒径并不是两个独立的变量，在实际应用中一般用质量浓度衡量聚合物微球的使用量，大粒径聚合物微球与等量等质量浓度的小粒径微球相比更少，所以在实际使用中提高封堵率只有小粒径、大数量或者大粒径、小数量两种方法。

对微球在地层孔喉中的运移方式进行分析，微球在地层孔喉中运移方式有以下三种：

(1)如图5－16(a)所示，孔喉直径相等，所有注入的聚合物微球都可以在其中运移，但该种情况在真实地层中几乎不存在。

(2)如图5－16(b)所示，孔喉直径变大，各粒径聚合物微球都可以顺利通过孔喉连接处。

(3)如图5－16(c)所示，孔喉直径变小，大粒径聚合物微球封堵在该处，无法进行深部运移，进而导致后续小粒径聚合物微球也无法进行深部运移。

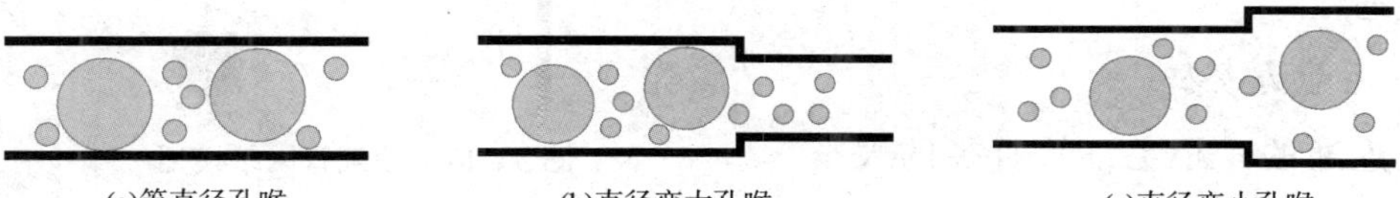

图5－16　聚合物微球在孔喉中运移

大粒径聚合物微球可以在前两种情况下实现深部运移，直到遇到第三种情况下的孔喉进行封堵。如果提前遇到第三种情况下的孔喉将无法实现深部运移，但同时也将小粒径聚合物微球堵在连接处，对深部调剖驱油不利。小粒径聚合物微球在三种情况下都可以实现深部运移，直到遇到阻碍流动的孔喉时发生堆积封堵。小粒径聚合物微球也可能提前遇到5－16所示(c)情况，但与大粒径聚合物微球相比概率小。所以，使用小粒径、大数量的聚合物微球既能增大封堵率，又能启动剩余油。

第三节　聚合物微球调驱毛细管模型

本节将在毛细管模型的基础上，首先剖析剩余油的形成机理及常规尺寸聚合物微球的调剖机理，然后以纳米聚合物微球进入地层、在地层中作用的逻辑顺序，研究纳米聚合物微球的动态运移机理。

一、毛细管模型

1. 模型假设

将喉道简化为等径的毛细管，砂粒间的空隙即孔隙，由喉道相连，则图5－17所示的岩石骨架模型可简化为图5－18所示的孔隙喉道模型。因砂粒之间的空隙就是孔隙，所以两孔隙间的距离就是两相邻岩石颗粒的直径之和，假设为等直径单位长度的岩石颗粒，即每根毛细管的长度。

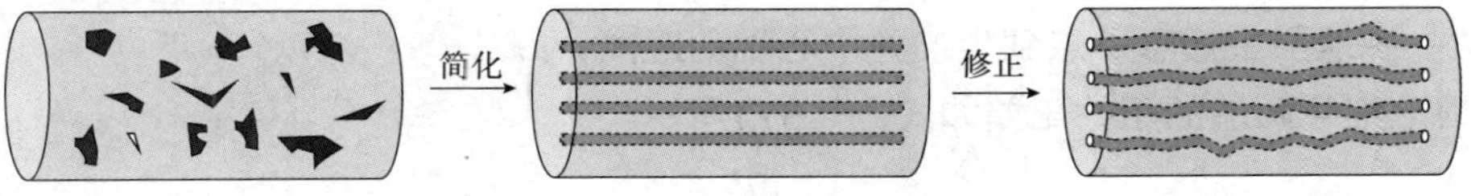

图5－17　岩石骨架模型

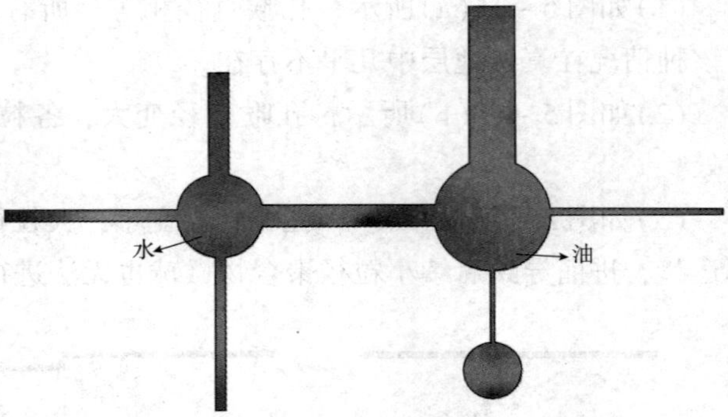

图 5-18　毛细管网络模型

实际上，岩石中的流体流动为三维流动，将其简化为二维平面流动，只考虑配位数为 4 的孔隙喉道网络几何模型。因孔隙在各个方向上的连通性是不一样的，因而使用不同直径的毛细管代表各方向上不同的连通性。

2. 毛管力表征

设连通的 4 根毛细管直径的大小存在如式(5-32)所示的关系：

$$d_1 > d_2 > d_3 > d_4 \tag{5-32}$$

而这 4 根毛细管中的毛管力可由式(5-33)所示：

$$P_c = \frac{4\sigma_{ow}\cos\theta}{d} \tag{5-33}$$

式中　d——喉道直径，μm；

θ——润湿角，(°)；

σ——油、水两相的界面张力，N/m；

P_c——毛管力，MPa。

毛管力的大小满足如式(5-34)所示的关系：

$$P_{c1} < P_{c2} < P_{c3} < P_{c4} \tag{5-34}$$

二、驱替压差描述

假设：①地层及油井参数包括地层半径 R_e、油井半径 R_w；②油藏边界有充分的液流源供给，油藏边缘压力为 P_e，井底流压为 P_w；③油层厚度为 h，地层渗透率为 K，液体黏度为 μ。

其压力分布如式(5-35)所示：

$$P = P_w + \frac{P_e - P_w}{\ln\frac{R_e}{R_w}}\ln\frac{R}{R_w} \tag{5-35}$$

地层中任意一点的压力梯度的表达式如式(5-36)所示：

$$\frac{dP}{dR} = \frac{P_e - P_w}{\ln\frac{R_e}{R_w}} \cdot \frac{1}{R} \tag{5-36}$$

式中　R——地层中任意一点到生产井中心轴的距离，m。

每根毛细管两端的驱替压差如式(5-37)所示：

$$\Delta P_i = 1_i \cdot \frac{dP}{dR} \quad (i = 1 \sim 4) \tag{5-37}$$

由以上分析可知，每根毛细管长度相等，均为单位长度，则各根毛细管两端的压差均如式(5－38)所示：

$$\Delta P=1\cdot\frac{\mathrm{d}P}{\mathrm{d}R}=1\cdot\frac{P_{\mathrm{e}}-P_{\mathrm{w}}}{\ln\frac{R_{\mathrm{e}}}{R_{\mathrm{w}}}}\cdot\frac{1}{R} \tag{5-38}$$

三、毛细管剩余油形成机理

下面以单个未进行驱替的原始储层状态的孔隙及其连通喉道为单元，研究剩余油的形成过程及其分布状态。

1. $\Delta P<P_{\mathrm{c1}}$

如图5－19(b)所示，当驱替压差小于入口毛细管1中的毛管力时，驱替压差不足以驱动毛细管1中的原油，因此驱替流体不能在这个孔喉模型中流动，即此孔喉单元为未波及区域，整个孔喉单元中的原油不能被动用，形成剩余油。

2. $P_{\mathrm{c1}}<\Delta P<P_{\mathrm{c2}}$

如图5－19(c)所示，当驱替压差大于或等于毛细管1的毛管力，但是小于毛细管2的毛管力时，驱替压差可以启动毛细管1中的原油，但是不足以启动毛细管2中的原油，所以毛细管3中形成剩余油，又由于存在$P_{\mathrm{c1}}<P_{\mathrm{c2}}<P_{\mathrm{c3}}<P_{\mathrm{c4}}$的关系，毛细管3和毛细管4中也形成剩余油。驱替流体从毛细管1进入孔隙，在孔隙中绕流之后又从毛细管1中流出波及了孔隙中的部分原油。

3. $P_{\mathrm{c2}}<\Delta P<P_{\mathrm{c3}}$

如图5－19(d)所示，当驱替压差大于或等于毛细管2的毛管力，但是小于毛细管3的毛管力时，驱替压差可以启动毛细管1和毛细管2中的原油，但是不足以启动毛细管3中的原油，故毛细管3中形成剩余油，又由于存在$P_{\mathrm{c1}}<P_{\mathrm{c2}}<P_{\mathrm{c3}}<P_{\mathrm{c4}}$的关系，毛细管4中也形成剩余油。驱替流体从毛细管1进入孔隙，从毛细管2中流出。

4. $P_{\mathrm{c3}}<\Delta P<P_{\mathrm{c4}}$

如图5－19(e)所示，当驱替压差大于或等于毛细管3的毛管力，但是小于毛细管4的毛管力时，驱替压差可以启动毛细管1、毛细管2和毛细管3中的原油，但是不足以启动毛细管4中的原油，故毛细管4中形成剩余油。驱替流体从毛细管1进入孔隙，从毛细管2和毛细管3中流出。

5. $\Delta P\geqslant P_{\mathrm{c4}}$

如图5－19(f)所示，当驱替压差大于或等于毛细管4的毛管力时，驱替压差达到阈值，可以动用毛细管1、毛细管2、毛细管3和毛细管4中的剩余油。驱替流体从毛细管1进入孔隙，从毛细管2、毛细管3和毛细管4中流出，可以认为波及了孔隙中的全部原油。

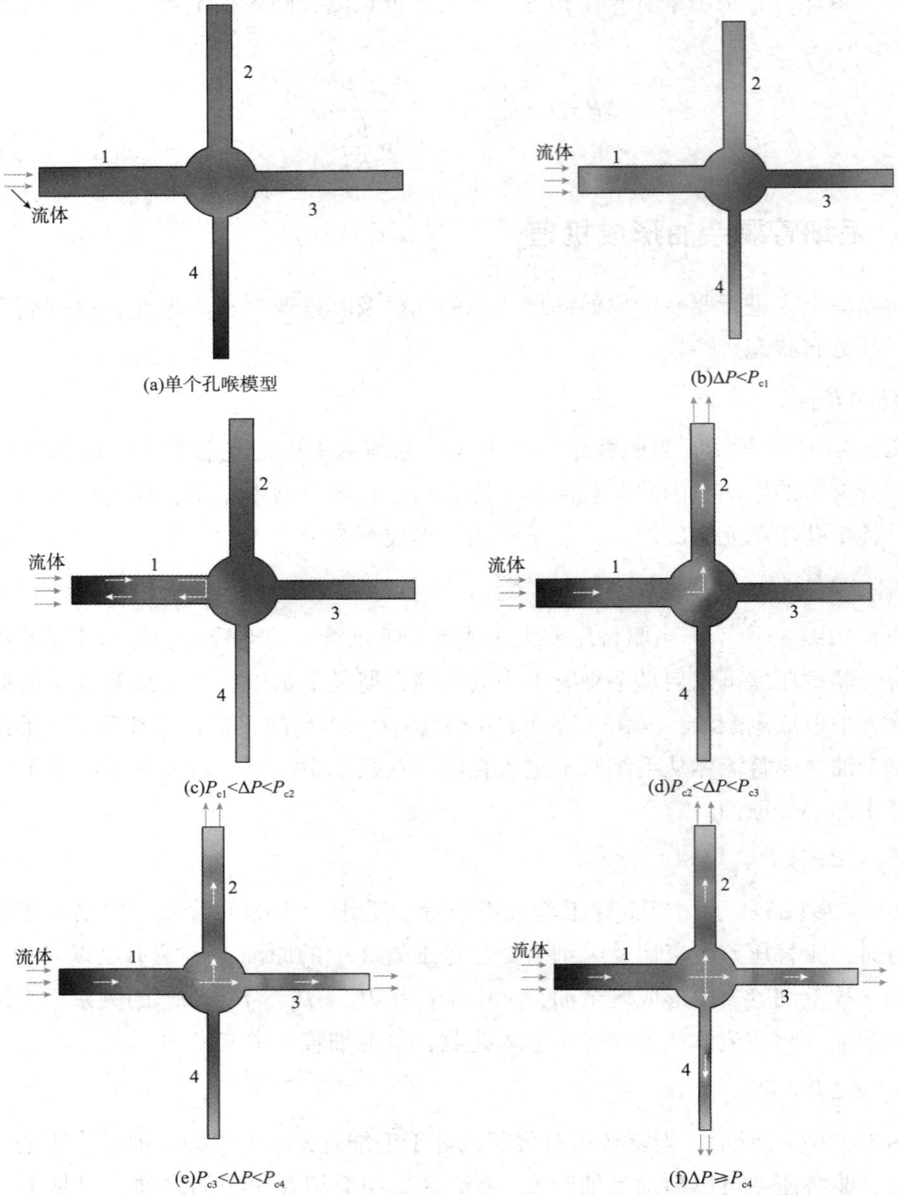

图 5－19　剩余油形态

四、聚合物微球调驱原理

毛细管中剩余油形成机理为理想状态下的，驱替液的驱替效率很难达到 100%，会形成如图 5－20 所示的附着在毛细管壁上的残余油。

真实情况下，即使对某些储层增大压力，也会使渗透率升高，即孔径大的层位冲刷形成更大孔喉，仅通过增大驱替压差不能驱替小孔隙中的剩余油。调剖剂应运而生，常规调剖剂如图 5 - 21(a)所示，会直接在前段封堵水窜层，这就致使该单元其他孔喉中的剩余油、残余油未被启动。常规尺寸聚合物微球可以根据水窜层孔喉尺寸及剩余油所在孔喉尺寸确定粒径，封堵水窜层，使液流全部转向剩余油所在孔喉，如图 5 - 21(b)所示。

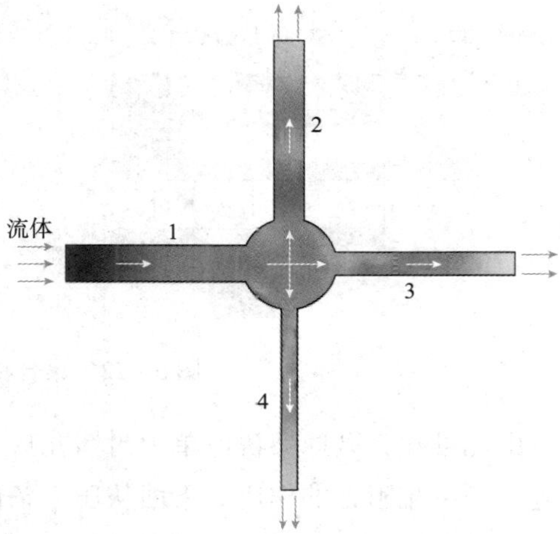

图 5 - 20 驱替后残余油形态

但目前石油工业界关于液流转向还没有一个明确的定义。注入与孔喉尺寸相当的弹性微球后，微球在孔喉处产生封堵，使压力升高，产生一个附加压力梯度，驱替压力梯度与此附加压力梯度的合力可以使液流发生转变，启动之前无法被启动的毛细管，起到深部液流转向提高采收率的作用；当压力升高至一定程度时，微球弹性变形并通过该孔喉，继续向深部运移。

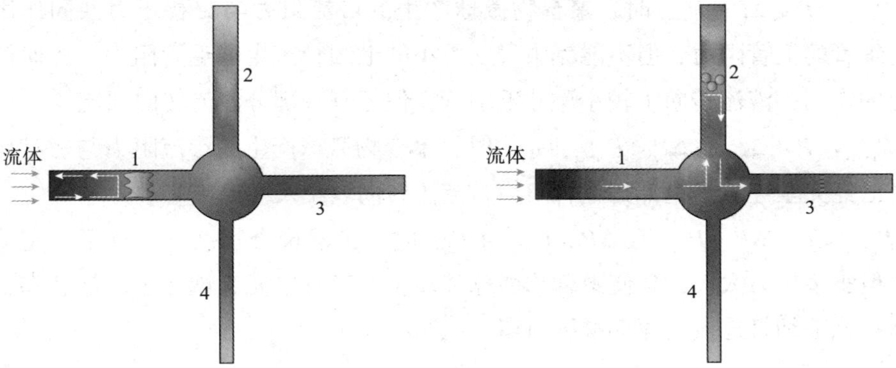

(a)常规调剖剂 (b)常规尺寸聚合物微球

图 5 - 21 常规调剖剂与常规尺寸聚合物微球调驱

聚合物微球在现场使用中出现的增油量、降水量等变化表现在储层物性上为高渗水窜层渗透率降低。聚合物微球降低非均质储层的机理为深部运移导致注入液流转向。用图 5 - 22 来表述液流转向的含义，当注入水进入孔喉单元时，会优先进入毛管力等阻力较小的大尺寸毛细管中，驱替其中的剩余油，然后将其携带流出。但是，当驱替压力小于孔喉单元毛管力时，油就不能被水流携带，而形成剩余油，水流会沿着大尺寸毛细管流走，达不到扩大波及体积的目的。但是如图 5 - 22 所示，使用聚合物微球后，常规尺寸聚合物微球会通过单个封堵、桥堵的方式，相当于减小孔喉可通过尺寸、增大渗流阻力 P_m，渗流阻力 P_m 与驱替压力 ΔP 是伴生的，该 P_m 甚至会伴随驱替压力 ΔP 的增加在一定程度上增加，这是由于聚合物微球的弹性 P_e 及聚合物微球与孔喉壁面的摩擦力 F_f 造成的，但驱替压力 ΔP 存在一个最大值，当 ΔP 大于聚合物微球最大弹力 P_{emax} 与最大静摩擦力 F_{fmax} 时，聚合物微球会发生移动，可能会移动至深部继续封堵或者无效流失，优势渗流通道又形成。

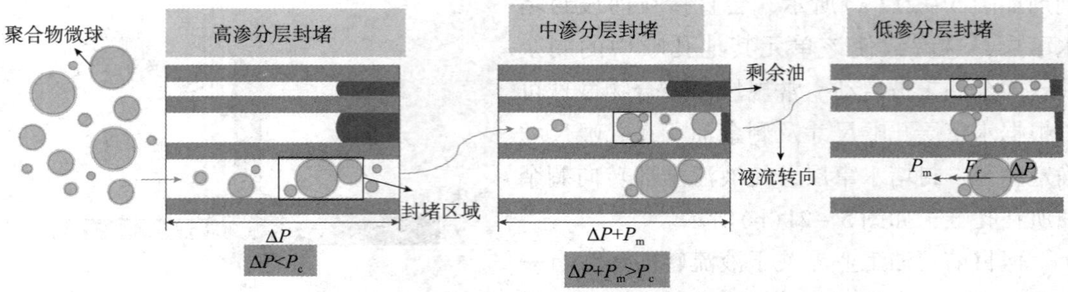

图 5－22　聚合物微球封堵导致流体分流

由此可知，微球架桥或单个封堵孔喉，实现液流转向提高采收率的机理为弹力、摩擦力等附加渗流阻力的作用。下面从压力条件角度进行详细解释。

(1) $P_m+\Delta P<P_{cmin}$ 时，虽然聚合物微球在驱替压力 ΔP 作用下在空中形成架桥封堵，但是由于驱替压力 ΔP 不足，两者无法克服最小毛管阻力，液流仍然无法转向，剩余油仍未被启动。

(2) $P_{cmin}<P+\Delta P<P_{cmax}$ 时，聚合物微球产生的渗流阻力与驱替压力共同作用下克服了部分毛细管的毛管阻力，但不能克服尺寸更小的毛细管产生的毛管阻力，此时微球已经发挥一定的作用，液流转向了较小尺寸毛细管，但还有一部分液流转向回流。

(3) $P_{cmax}<P+\Delta P$ 且 $\Delta P<P_{emax}+F_{fmax}$ 时，聚合物微球产生的渗流阻力与驱替压力共同作用下，已经完全克服了全部的毛管阻力，液流转向较小尺寸毛细管。

(4) $P_{cmin}<P+\Delta P<P_{cmax}$ 且 $\Delta P>P_{emax}+F_{fmax}$ 时，虽然聚合物微球发挥了一定的液流转向作用，但驱替压力太大，致使聚合物微球移动，毛细管单元又恢复了原始状态，直到聚合物微球在该毛细管连接的深部继续封堵。

第四节　聚合物微球进入孔喉动态匹配机制

利用毛细管模型明确了聚合物微球的作用原理之后，本节对聚合物微球的一个关键问题，即与地层孔喉的匹配机制进行研究，为探究清楚该机制，采用核磁共振实验探究聚合物微球与地层孔喉的匹配机理。纳米聚合物微球与储层孔喉尺寸的匹配机制是不同尺寸聚合物微球与储层孔喉匹配方式的一种。

一、聚合物微球的基础几何约束条件

聚合物微球进入地层孔喉首先需要满足以下 3 个几何约束条件：

(1) 如图 5－23 (a) 所示，满足 $r_{微球}<r_{孔喉}$ 条件时，聚合物微球直接进入孔喉，满足 $r_{微球}=1/3r_{孔喉}$ 条件时，聚合物微球在孔喉中桥堵。

(2)如图 5－23(b)所示，$2/3r_{孔喉} < r_{微球} < 1.42r_{孔喉}$时，聚合物微球在压力作用下发生弹性变形，变形至满足条件(1)时，聚合物微球可进入孔喉。

(3)如图 5－23(c)所示，$r_{微球} \gg 1.42r_{孔喉}$时，聚合物微球在孔喉入口段聚集，无法进入孔喉。

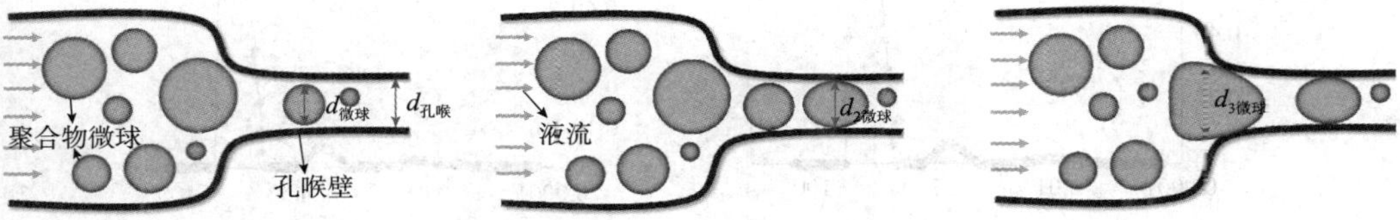

(a)$r_{微球}<r_{孔喉}$　　(b)$2/3r_{孔喉}<r_{微球}<1.42r_{孔喉}$　　(c)$r_{微球} \gg 1.42r_{孔喉}$

图 5－23　微球运移的几何约束

需要注意的是，几何约束条件是聚合物微球以变形桥堵为主要作用方式的匹配条件，而不是所有作用方式的必要条件。像纳米聚合物微球直径远小于地层孔喉直径，完全满足进入地层的条件。

二、基于核磁共振技术的地层孔喉与聚合物微球匹配研究

通过核磁共振仪测量饱和水后岩石 T_2 图谱，通过经验公式得到岩心孔喉半径分布。

1. 实验材料与设备

(1)实验用水为去离子水。

(2)岩心参数如表 5－3 所示，为人造岩心。

(3)实验设备有电子天平、平流泵、黏度计、岩心夹持器、低场核磁共振仪器(苏州纽迈分析仪器股份有限公司生产，型号为 MesoMR23－60H－Ⅰ，分析仪主要测试参数为磁场主频 9.38MHz、回波时间 300μs、等待时间 3000ms、回波个数 1024、扫描次数 64 次)。

表 5－3　岩心物性参数

岩心编号	孔隙度/%	渗透率/$10^{-3}\mu m^2$
NY2	20.078	64.81
NY4	5.11	10.29
NY5	13.05	8.60
NY6	13.52	15.32

2. 实验结果

实验结果如图 5－24 所示，可以看出，孔隙半径分布都有一个明显的波峰，这表明孔隙尺寸相对均一。

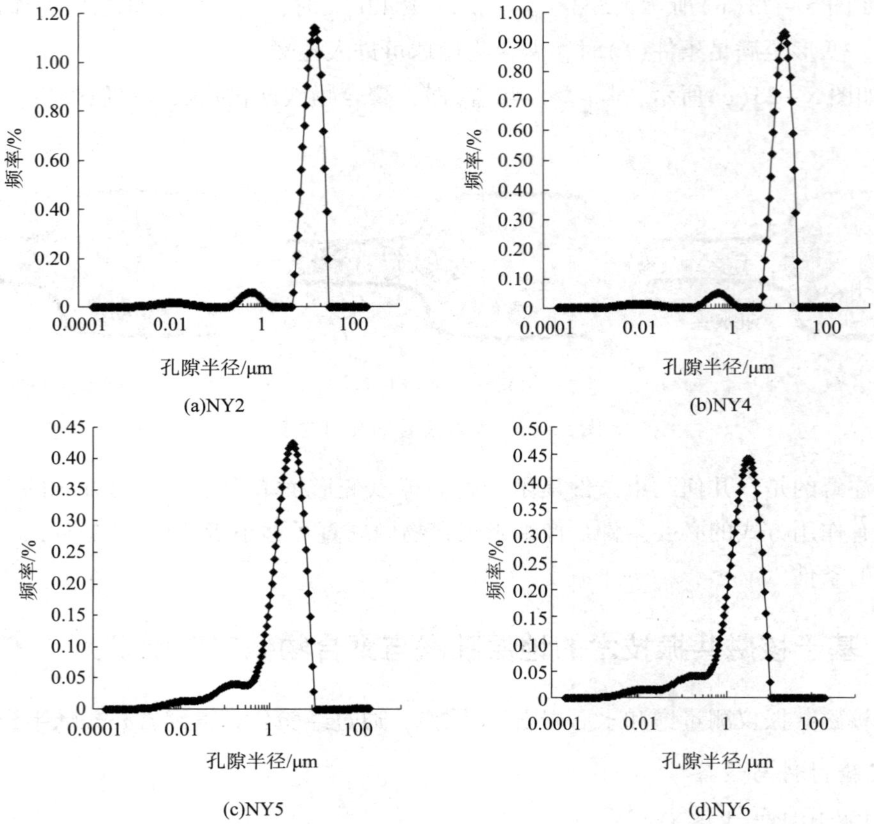

图 5－24　岩心孔隙半径分布曲线

三、多级复杂匹配机制

图 5－25 显示了孔隙半径分布和聚合物微球和的直径分布，它们决定了聚合物微球和孔隙的匹配类型。前人进行了聚合物微球堵塞的微孔膜测试，扫描电镜(SEM)显示如图 5－26 所示。图 5－26(a)显示聚合物微球不能进入孔隙，因为聚合物微球的尺寸比孔隙大得多，即完全堵塞。当聚合物微球和孔隙具有接近的尺寸时，如图 5－26(b)所示，一个聚合物微球可以有效地堵塞孔隙，即作为单个堵塞。如图 5－26(c)所示，当聚合物微球比孔隙小 2～3 倍时，一些聚合物微球形成聚集体以桥接孔隙，即桥堵。由于其相对于孔径的尺寸较小，聚合物微球很容易通过，称之为通过。

前人提出了一种确定堵塞类型的方法。首先，岩心的平均孔喉直径通过式(5－39)来计算：

$$D = 2 \times \sqrt{\frac{8K_{w}}{\phi_{c}}} \tag{5-39}$$

式中　D——岩心平均孔隙直径，μm；

K_{w}——水测渗透率，μm^2；

ϕ_{c}——岩心孔隙度，小数。

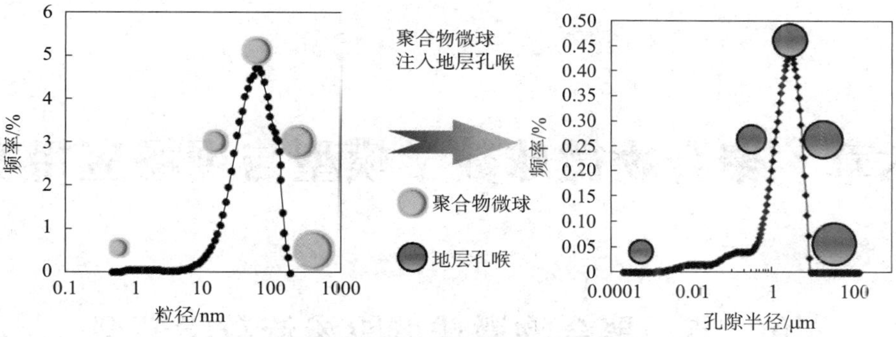

图 5－25　孔隙半径分布和聚合物微球和的直径分布

结合聚合物微球的尺寸，可以确定图 5－26 中所示的堵塞类型。显然，这种方法非常粗糙，因为岩心孔喉和聚合物微球的不同尺寸导致核心中的真实堵塞类型是非常复杂的。

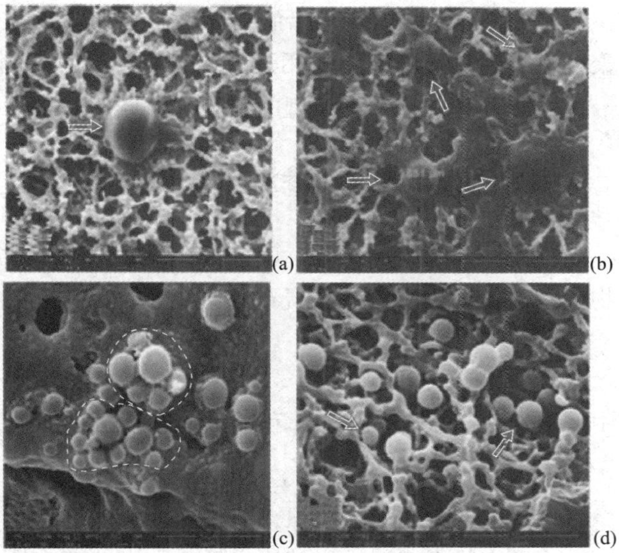

图 5－26　聚合物微球和孔隙匹配扫描电镜照片

基于之前的研究，我们考虑了聚合物微球与孔喉直径之间的关系。图 5－27 中展示了 6 种堵塞类型。其中，包括完全堵塞、单堵塞、桥堵和平滑通过等。聚合物微球在多孔介质中流动，它们受到各种力。当合力被引导到孔的表面时，微球滞留。聚合物微球具有一定的可变形性，并且可以通过变形流过孔喉，即可变形通过。

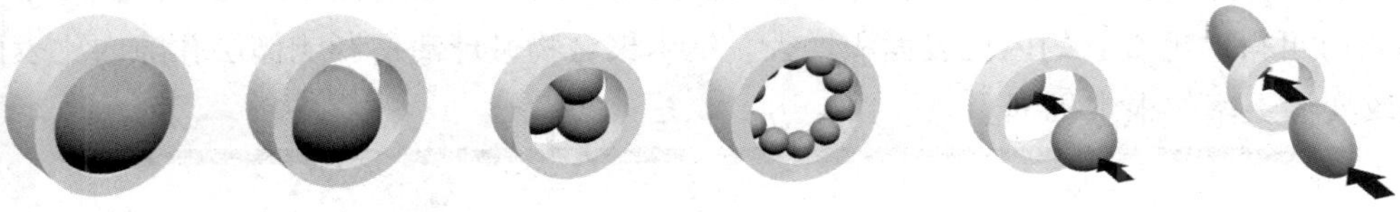

(a)完全堵塞　(b)单堵塞　(c)桥堵　(d)滞留　(e)平滑通过　(f)变形通过

图 5－27　6 种岩心孔隙和聚合物微球匹配模式

由于纳米聚合物微球粒径远小于地层孔喉尺寸，故纳米聚合物微球在进入地层及在地层孔喉中的运移方式主要为平滑通过，根据刻蚀玻璃物理模拟实验可以得出，纳米聚合物微球在孔喉中的作用方式主要为滞留。

第六章　聚合物微球数学模型与现场应用实践

第一节　聚合物微球调驱渗流数学模型

基于前面章节对纳米聚合物微球运移及作用机理的研究，本章将根据微观实验明确纳米聚合物微球在地层中的作用形式。建立纳米聚合物微球沉积调控关键渗流参数数学模型。建立2种基于毛细管模型的聚合物微球调驱数学模型，并通过算例对模型验证。

一、滞留调控关键渗流参数数学模型

利用储层关键渗流参数，即渗透率数学模型充分解释滞留导致液流部分转向是纳米聚合物微球的作用机理。单元岩石的比面 S_p 如式(6－1)所示：

$$S_p = \frac{A_o}{V_o} \tag{6-1}$$

式中　S_p——基于岩石孔隙体积的比面，1/μm；

A_o——内表面积，μm^2；

V_o——岩石内孔隙体积，μm^3。

注入聚合物微球后，微球进入孔喉，微球可直接影响岩石比面，进而影响岩石的渗透率。聚合物微球滞留在孔隙表面，微球更多部分露在孔隙内，如图6－1(b)所示，纳米聚合物微球在储层毛细管中滞留后的毛细管内表面积与图6－1(a)中表示注入聚合物微球前毛细管的内表面积相比，内表面积明显增大，且注入微球后毛细管渗流通道体积减小，由式(6－1)可得，毛细管的内比表面积增大，纳米聚合物微球滞留影响储层孔隙内比表面积是其改变渗透率的根本机理。

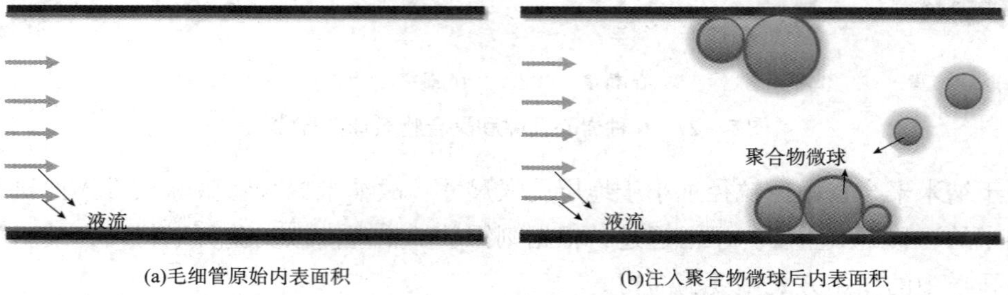

图6－1　聚合物微球滞留改变孔喉内比表面积

将油藏简化为储层岩石单元体，如图6－2所示，长度为L，半径为R。并作以下假设：

(1)储层均质且各向同性。

(2)孔隙中流体流动服从达西定律且不可压缩。

(3)聚合物微球被注入后不发生体积变形。

(4)聚合物微球均为等直径球体。

(5)聚合物微球紧密排列且接触方式为点接触。

(6)岩石中的流体渗流通道为连续岩石颗粒间隙，即毛管束。

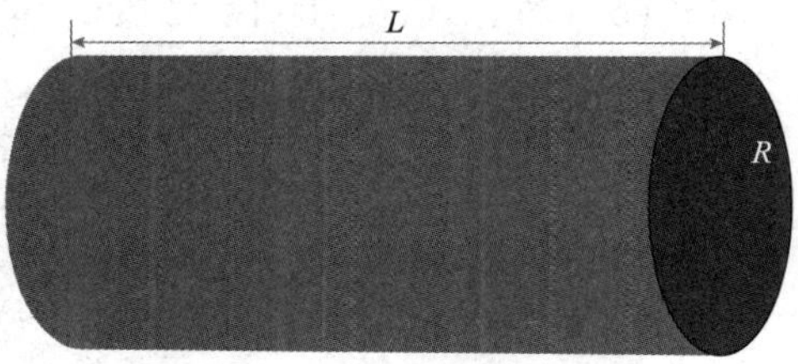

图6－2 储层岩石单元体

孔隙度能够衡量岩石孔隙体积，因此，单元体孔隙体积V_o可由式(6－2)表示：

$$V_o = A_o L\phi = \pi R^2 L\phi \tag{6-2}$$

式中 L——岩石长度，μm；

R——岩石半径，μm；

ϕ——岩石初始孔隙度，小数。

聚合物微球表面积A_p和体积V_p分别如式(6－3)、式(6－4)所示：

$$A_p = 4N\pi r_p^2 \tag{6-3}$$

$$V_p = \frac{4}{3}N\pi r_p^3 \tag{6-4}$$

式中 N——聚合物微球数量；

r_p——聚合物微球半径，μm。

注入聚合物微球后的孔隙体积V和孔隙内表面积A分别如式(6－5)、式(6－6)所示：

$$V = \pi R^2 L\phi - \frac{4}{3}N\pi r_p^3 \tag{6-5}$$

$$A = 4N\pi r_p^2 + 2\pi RL \tag{6-6}$$

代入式(6－1)中可得注入微球后单元体内比表面积S_p，如式(6－7)所示：

$$S_p = \frac{6RL + 12Nr_p^2}{3R^2 L\phi - 4Nr_p^3} \tag{6-7}$$

注入聚合物微球后孔隙度ϕ_p如式(6－8)所示。

$$\phi_p = \frac{\pi R^2 L\phi - \frac{4}{3}N\pi r_p^3}{\pi R^2 L} \tag{6-8}$$

注入聚合物后的渗流形式符合Kozeny－Carman公式，如式(6－9)所示：

$$K = \frac{\phi_p}{CS_p^2} \tag{6-9}$$

式中 K——岩石的渗透率，μm^2；

S_p——基于岩石孔隙体积的比面，1/μm；

C——高才尼常数，一般取5。

将式(6-7)、式(6-8)代入式(6-9)，可得式(6-10)：

$$K_p = \frac{(3R^2L\phi - 4Nr_p^3)^3}{\tau(RL + 2Nr_p^2)^2R^2L},\quad \tau = 108C \tag{6-10}$$

二、基于毛细管模型的调驱数学模型

基于滞留调控关键渗流参数数学模型，对比两种聚合物微球作用形式，建立两种基于毛细管模型的聚合物微球调驱数学模型，即封堵调驱数学模型、滞留调驱数学模型。

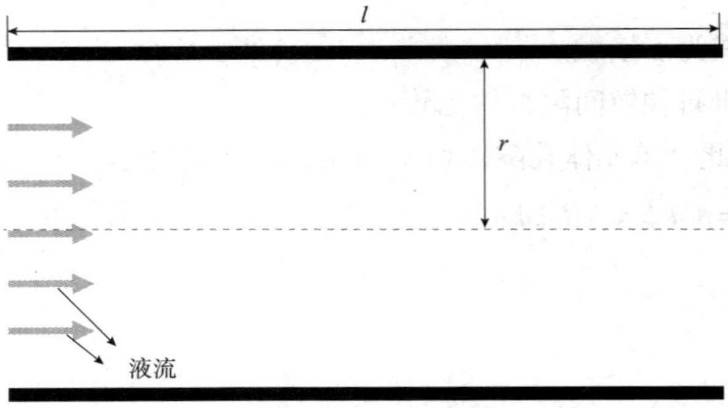

图 6-3　毛细管模型

储层岩石孔隙结构复杂，为方便模型建立，选取如图 6-3 所示毛细管模型，毛细管长度为 l，半径为 r。毛管流与渗流是统一的，对于单根毛细管：孔隙度 $\phi = 1$，横截面积 $A = \pi r^2$，迂曲度 $\tau = 1$。代入到 K-Z 公式可得单根毛细管无聚合物微球滞留段的渗透率 K，如式(6-11)所示：

$$K = \frac{r^2}{8} \tag{6-11}$$

式中　r——毛细管半径，μm。

根据式(6-10)，有聚合物微球滞留的毛细管区域，如图 6-4 所示，渗透率转化如式(6-12)所示：

$$K_p = \frac{(3r^2 1 - 4nr_p^3)^3}{\tau(r1 + 2nr_p^2)^2 r^2 1} \tag{6-12}$$

如图 6-4 所示，大粒径聚合物微球在毛细管中前段滞留可视为两段不同渗透率的毛细管串联，使用调和平均计算该单根毛细管平均渗透率，如式(6-13)所示：

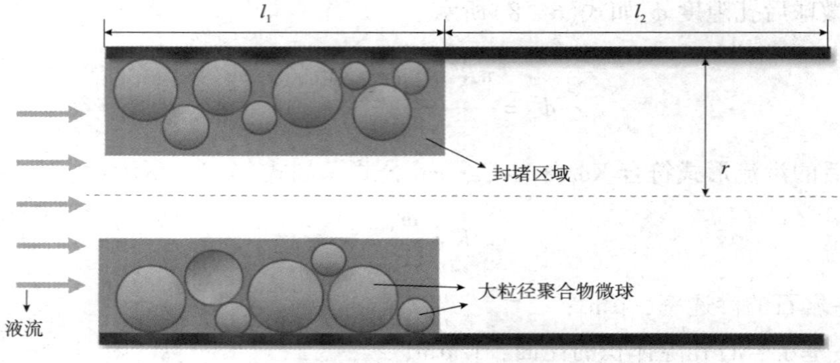

图 6-4　大粒径聚合物微球在孔喉中前段封堵

$$K_b = \frac{1}{\frac{l_1}{K_p} + \frac{l_2}{K}} = \frac{1}{\frac{l_1^2 \tau r^2 (r l_1 + 2n r_p^2)^2}{(3r^2 l_1 - 4n r_p^3)^3} + \frac{8 l_2}{r^2}} \tag{6-13}$$

如图6-5所示，纳米聚合物微球在孔喉表面滞留，单根毛细管平均渗透率如式(6-14)所示：

$$K_s = \frac{(3r^2 l - 4n\pi r_p^3)^3}{(r l + 2n r_p^2)^2 r^2 l} \tag{6-14}$$

为方便现场使用，在加入修正参数后编制软件，软件界面如图6-6所示。

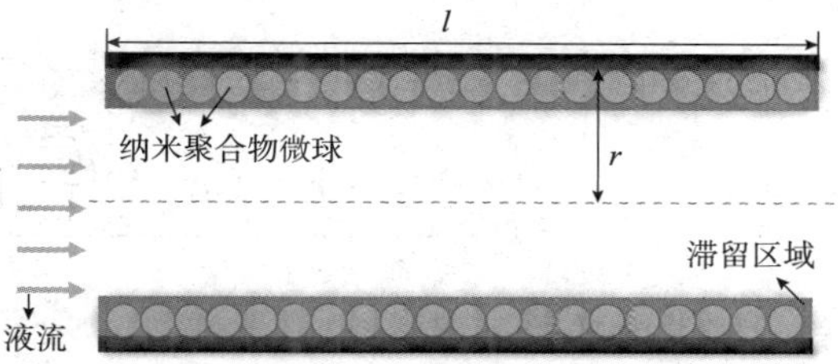

图6-5　纳米聚合物微球在孔喉表面滞留

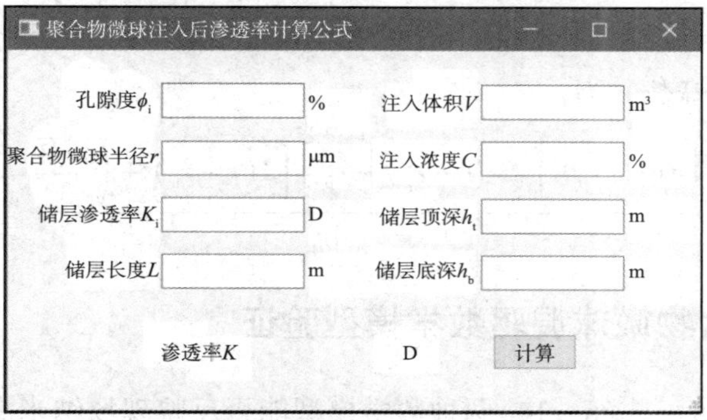

图6-6　软件界面

三、纳米聚合物微球饱和注入量

式(6-13)、式(6-14)中纳米聚合物微球的数量 n 存在理论上限，微球在毛细管中呈规则点接触排列，如图6-7所示，可有两种规则排列方式，第二种单位体积内微球数量最多。

毛细管内的微球是多层堆叠的，首先对第1层微球数量求解。

如图6-8所示，第1圈微球数量 a_1 如式(6-15)所示：

$$a_1 = \frac{P(r - r_p)}{r_p} \tag{6-15}$$

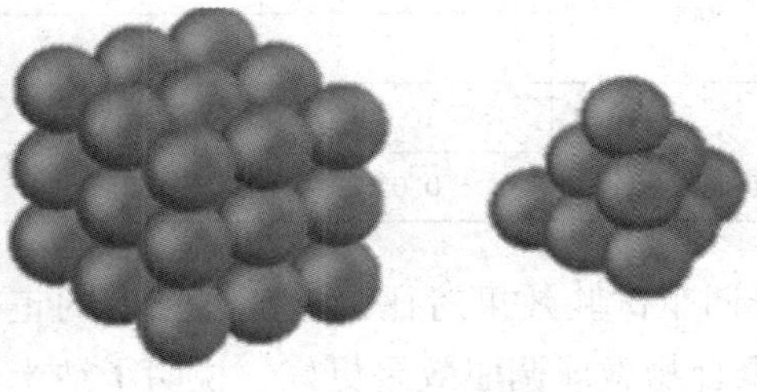
图6-7　聚合物微球的排列方式

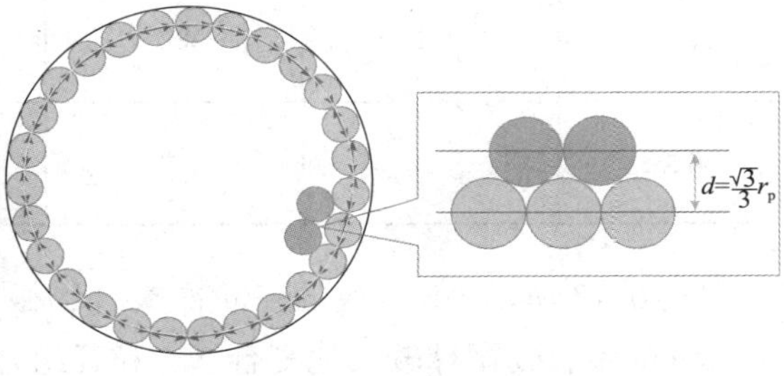

图6-8　聚合物微球单层排列

第 2 圈微球数量 a_2 如式(6－16)所示：

$$a_2 = \frac{\pi\left(r - r_p - \frac{\sqrt{3}}{3}r_p\right)}{r_p} \tag{6-16}$$

第 m 圈微球数量 a_m 如式(6－17)所示：

$$a_m = \frac{\pi\left[r - r_p - (m-1)\frac{\sqrt{3}}{3}r_p\right]}{r_p},\ m = \frac{\sqrt{3}(r - r_p)}{r_p} + 1,\ d = -\frac{\sqrt{3}}{3}\pi \tag{6-17}$$

第 1 层的微球数 n_1 为：

$$n_1 = \frac{\sqrt{3}\pi(r - r_p)\left[3(r - r_p) + \left(\frac{4\sqrt{3}}{3} - 1\right)r_p\right]}{4r_p^2} \tag{6-18}$$

整个毛管内的极限微球数 n 为：

$$n = \frac{\sqrt{3}\pi(r - r_p)\left[\sqrt{3}(1 - r_p) + r_p\right]\left[3(r - r_p) + \left(\frac{4\sqrt{3}}{3} - 1\right)r_p\right]}{4r_p^3} \tag{6-19}$$

四、纳米聚合物微球调驱数学模型验证

为验证式(6－13)、式(6－14)两种数学模型能否反映现场纳米聚合物微球使用特点，进行算例分析。如表 6－1 所示，选取粒径为 5μm、3μm、100nm、50nm 4 种尺度的聚合物微球，注入聚合物微球后渗透率变化是衡量调驱效果的重要指标。在相同注入体积下，5μm、3μm 聚合物微球在中前段封堵后毛细管渗透率为 $19.16\times10^{-3}\ \mu m^2$、$19.02\times10^{-3}\ \mu m^2$。100nm、50nm 聚合物微球在整个毛细管滞留后渗透率为 $4.70\times10^{-3}\ \mu m^2$、$2.69\times10^{-3}\ \mu m^2$。可以说明，纳米聚合物微球在毛细管内的滞留作用效果更好，并且粒径越小，调驱效果越好，符合纳米聚合物微球的调驱特征，证明了滞留是纳米聚合物微球调驱的根本机理。

表 6－1　不同粒径聚合物微球作用下毛细管渗透率

粒　径	L/m		$V_p/\mu m^3$	$r_p/\mu m$	$K/10^{-3}\ \mu m^2$
	L_1	L_2			
大粒径	0.3	0.7	3000	5	19.16
				3	19.02
小粒径	1		3000	0.1	4.70
				0.05	2.69

如表 6－2 所示，S 区块的三轮次聚合物微球调驱试验效果对比也验证了模型的正确性，100nm 聚合物微球较其他复合、大粒径组合聚合物微球调驱效果更好，说明了纳米聚合物微球滞留能够发挥调驱作用，说明滞留调驱数学模型的可用性好。

表 6-2　S 区块三轮次微球调驱实施效果对比

序　号	注入粒径/nm	注入浓度/(mg/L)	注入量/m^3	阶段自然递减率(同期)	阶段含水上升率(同期)	单井微球用量/t	同期单井组对比	
							增油量/t	降水量/m^3
1	800/5000	5000	2000	1.3	0.7	10	75	81
2	100/300	2000	5000	1.3	0.5	10	103	116
3	100	2000	5000	0.3	0.3	10	121	127

第二节　现场应用实践

截至目前，长庆油田在多个区块开展了聚合物微球调驱矿场试验，从现场试验区块中选取了三个典型区块(H-S 区块、S36 区块、H150 区块)进行对比分析，将现场试验效果和理论模型计算结果进行对比，分别验证增大比表面积、降低渗透率模型和封堵孔喉模型的可靠性。

一、H-S 区块开发现状及调驱效果验证

安塞油田 H-S 区块于 1992 年建成投产。H-S 区块储层以三角洲前缘亚相水下分流河道沉积微相为主，为弹性溶解气驱的岩性油藏。H-S 区块生产层位为长 6_1^{1-2}、长 $6_1{}^2$、长 6_2，油层埋深为 1200～1350m，含油面积为 117.02km^2，孔隙度为 13.3%，渗透率为 $2.36\times10^{-3}\mu m^2$，地质储量为 5169.01×10^4t。

油田投产至今，形成了如图 6-9 所示的开发井网，井网密度为 8.3 口/km^2，总体开发效果比较稳定。目前，全区油井开井数为 716 口，日产油共 1071t，单井日产能力为 1.5t，采油速度为 0.76%，采出程度为 12.47%，注水井为 256 口，日注液量为 4836m^3，单井日注量为 19m^3，月注采比为 1.69，累计注采比为 1.65。从生产动态来看，区块开发矛盾逐渐增加，主要表现：①西部高渗带发育，见水矛盾突出；②多油层剖面矛盾突出；③H-S 区块东部井网不完善，加密井初期递减快；④H-S 区块环保库区剩余油富集，需要通过水平井技术挖潜剩余油。

图 6-9　H-S 区开采井网

从 H-S 区块综合开采曲线(图 6-10)可以看出，该区块综合含水率达到了 60%，为了控水增油，2017 年 3 月，在 H-S 区块东北部(图 6-11)16 井组进行了聚合物微球调驱现场试验，注入微球粒径为 300nm，注入浓度为 5000mg/L，单井注入量为 2000m^3，折算结果为每口井注入微球 10t。

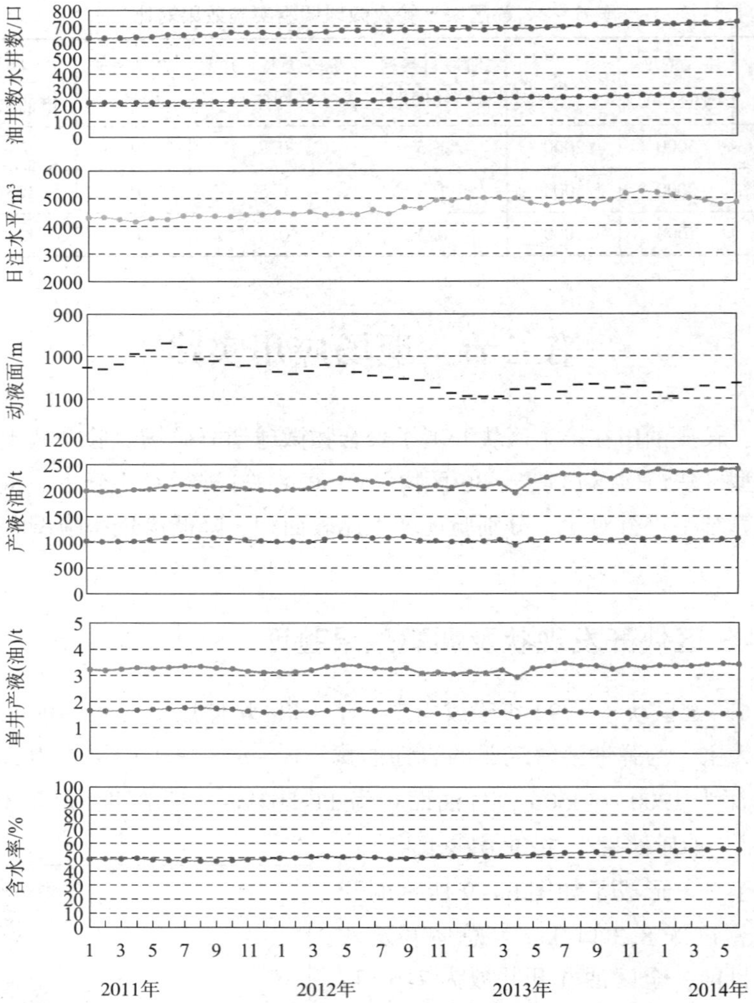

图 6-10　安塞油田 H-S 区块综合开采曲线

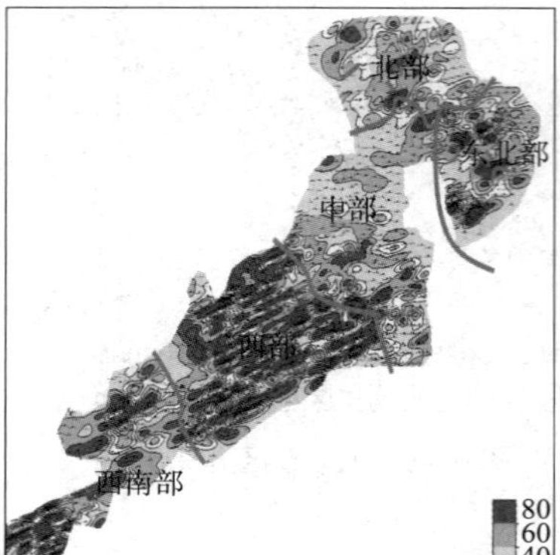

图 6-11　H-S 区块含水等值线图

在 H-S 区块开展微球调驱之后，从含水率与采出程度关系曲线(图 6-12)上可以看出，综合含水率明显下降，说明采用 300nm 聚合物微球调驱以后，产生了较好的控水效果。同时，由试验井组产量变化曲线(图 6-13)可以看出，阶段自然递减率下降了 9.4%，含水上升率下降了 1.3%，综合分析可以看出，在 H-S 区块东北部进行聚合物微球调驱以后，产生了一定的控水增油效果。

采用增大储层内比表面积、降低渗透率模型对 H-S 区块的微球调驱机理进行验证，利用该区块平均孔隙度与渗透率值计算可得，H-S 区块平均孔隙半径为376nm，注入粒径为300nm的微球，产生了一定的控水增油效果，实际上是微球的架桥封堵作用产生了一定的效果，说明采用的微球粒径偏大，并没有发挥微球沉积在孔喉内表面上增大储层内比表面积、降低渗透率的作用，建议在该区采用粒径更小的微球进行调驱，则可充分发挥小粒径微球大量进入高渗层，增大高渗层比表面积、降低渗透率的作用。

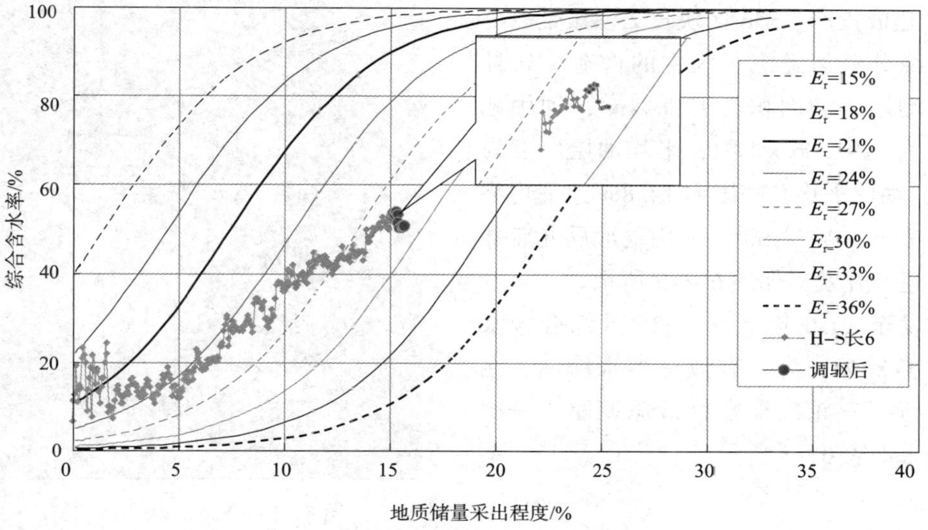

图6-12 H-S区块微球调驱井组综合含水率与采出程度关系曲线

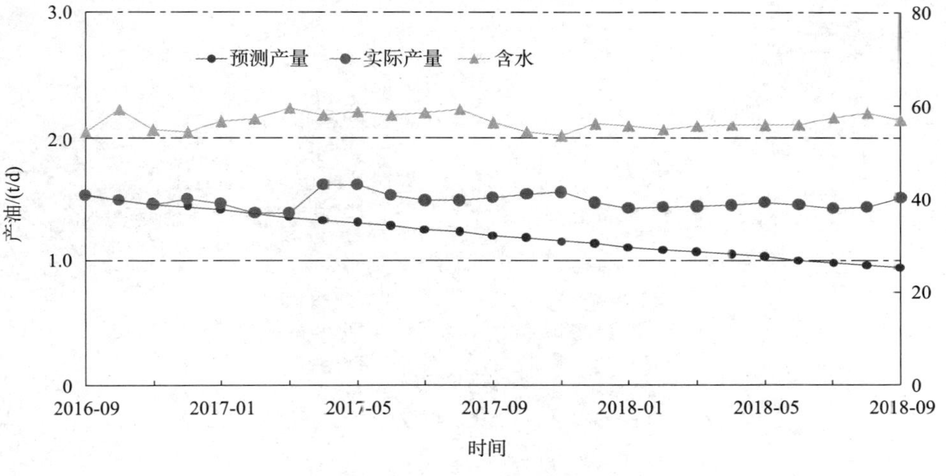

图6-13 H-S区块微球调驱井组产油对比曲线

而采用孔喉封堵模型对H-S区块进行聚合物微球调驱机理验证，计算结果表明，如果采用100nm或者300nm聚合物微球进行调驱现场试验，封堵率均超过了92%，只是300nm微球的封堵率会略高于100nm微球的封堵率，孔喉模型的验证结果与现场试验的效果并不相符，同时，孔喉模型计算结果与增大内比表面积模型的计算结果存在矛盾，分析认为，孔喉模型在解释聚合物微球调驱机理时存在问题，说明聚合物微球发挥调驱作用的主要机理并不是封堵作用，而是大量微球充填在高渗层中，增大比表面积、降低渗透率的机理。

二、S36 区块开发现状及调驱效果验证

S36 区块的位置如图 6－14 所示，于 2001 年建成投产。S36 区块长 2 油藏是以三角洲前缘分流河道沉积为主的构造－岩性油藏。动用含油面积为 12.84km^2，动用地质储量为 1191.06 × 10^4t，平均油层厚度为 14.1m，油层平均孔隙度为 14.8%，平均渗透率为 7.79 × $10^{-3}$$\mu m^2$，采用菱形反九点井网规模建产开发，如图 6－15 所示。

开发至 2016 年 7 月，S36 区综合含水率达到了 80%，为了有效地控水增油，在该区进行了三轮次聚合物微球调驱。三次调驱结果如表 6－3 所示。

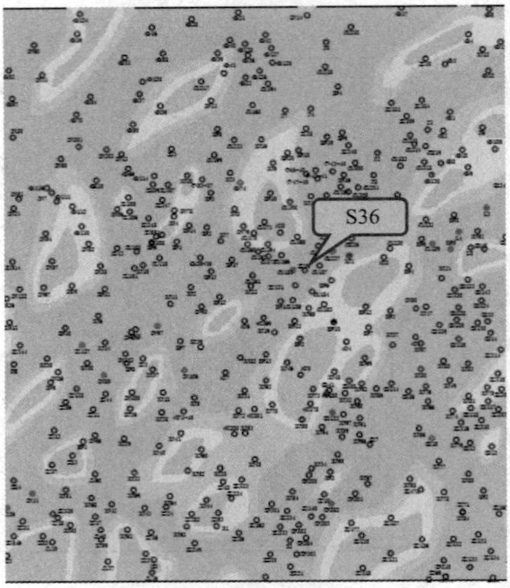

图 6－14 S36 区块工区位置

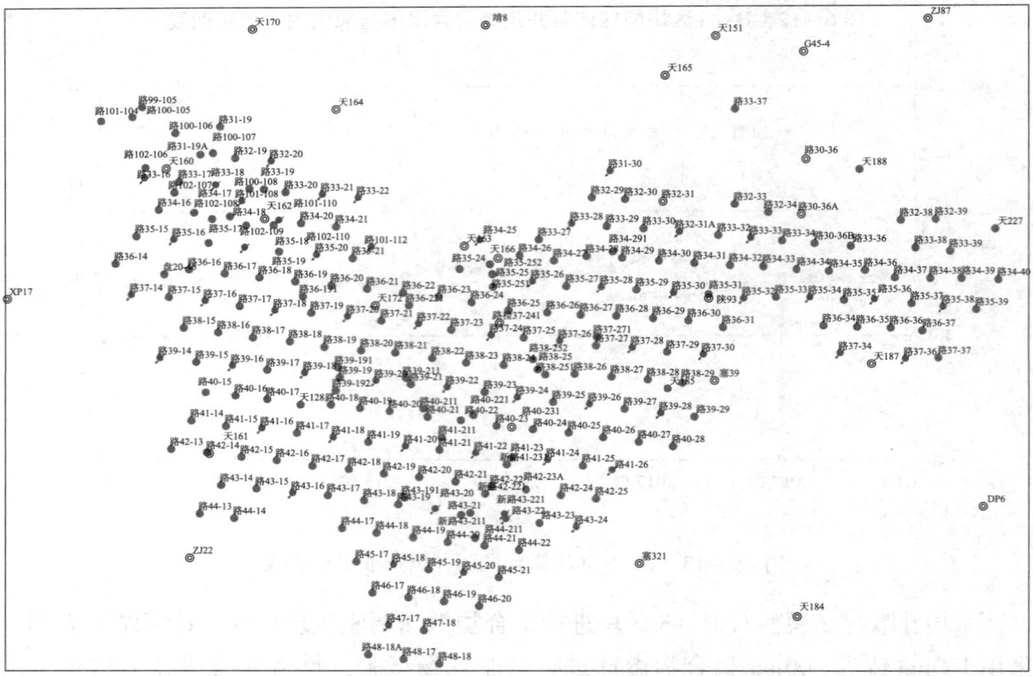

图 6－15 S36 区块井网分布图

表 6－3　S36 区块三轮次微球调驱实施效果对比

时　间	注入粒径/nm	注入浓度/%	注入量/m^3	单井微球用量/t	同期单井组对比		阶段自然递减率(同期)		阶段含水上升率(同期)	
					增油量/t	降水量/m^3	措施前	措施后	措施前	措施后
第一轮次	800/5000	0.5	2000	10	75	81	2.2	0.9	1.1	0.9
第二轮次	100/300	0.2	5000	10	103	116	0.9	－0.4	0.9	0.4
第三轮次	100	0.2	5000	10	121	127	－0.4	－0.7	0.4	0.1

如表 6－3 所示，2016 年 8 月，选用 800nm 和 5000nm 两种粒径的微球在该区进行了微球调驱现场试验，注入浓度为 0.5%。单井注液量为 2000m^3，单井微球用量为 10t，调驱之后，共增油 75t，共降水 81t，阶段自然递减率从 2.2% 下降至 0.9%，含水上升率从 1.1% 下降至 0.9%。2017 年 3 月，在该区采用 100nm 和 300nm 聚合物微球进行第二轮调驱，注入浓度为 0.2%，单井注液量为 5000m^3，单井微球用量为 10t，调驱之后，共增油 103t，共降水 116t，阶段自然递减率从 0.9% 下降至 －0.4%，含水上升率从 0.9% 下降至 0.4%。2017 年 12 月，在该区采用 100nm 聚合物微球进行第三轮调驱，注入浓度为 0.2%，单井注液量为 5000m^3，单井微球用量为 10t，调驱之后，共增油 121t，共降水 127t，阶段自然递减率从 －0.4% 下降至 －0.7%，含水上升率从 0.4% 下降至 0.1%，目前仍在见效期。综合来看，三轮次聚合物微球调驱均取得了一定效果，但是，第一轮采用大粒径、高浓度的聚合物微球进行调驱，调驱效果在三轮次中最差，第二轮调驱效果次之，第三轮采用小粒径、低浓度微球调驱之后，效果最好(图 6－16)。分析认为，在低渗透油藏中，为了达到较好的调驱效果，必须实现深部调驱，之后调剖剂运移至油藏深部，发挥调驱作用，才能有效扩大波及体积，提高油藏采出程度；低渗透油藏的储层物性差，孔喉直径小，如果采用大粒径微球调驱，微球在近井地带迅速沉积，封堵了水流优势通道，使后续注入水转向，在一定程度上扩大了波及体积，但是转向之后的注入水绕过大粒径微球形成“封堵墙”以后，会继续沿着原来的水流优势通道流动，导致调驱效果并不理想，而采用小粒径、低浓度微球进行调驱时，小粒径的微球大量进入高渗层，微球在高渗层沉积、运移、再沉积、再运移，充满了高渗层，增大了高渗层的比表面积，降低了高渗层渗透率，使后续注入水发生转向，转向之后的注入水不会沿着原来的水流优势通道流动，因为水流优势通道被大量小粒径微球充填，因此，后续注

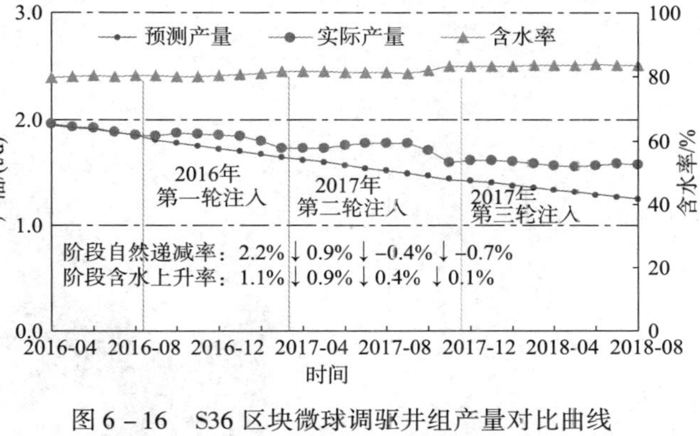

图 6－16　S36 区块微球调驱井组产量对比曲线

入水可以有效扩大波及体积，提高低渗层的采出程度，这就是小粒径、低浓度微球调驱效果优于大粒径、高浓度微球调驱效果的主要原因。

采用增大储层内比表面积、降低渗透率模型对 S36 区块的微球调驱机理进行验证，通过该区块平均孔隙度与渗透率值计算可得，S36 区块平均孔隙半径为 905nm，该区平均孔隙半径是 H－S 区块平均孔隙半径近 3 倍，注入粒径为 100nm 的微球，调驱效果最好，降水增油效果明显，通过增大储层比表面积、降低渗透率模型计算，发现微小粒径大量进入高渗层，不断运移、沉积、再运移、再沉积，在高渗层深部充填沉积，增大了高渗层比表面积，降低了高渗层渗透率，使后续注入水发生转向，提高了低渗层波及效率，产生了很好的调驱效果，而大粒径的微球仅仅是在近井地带产生了一定的封堵作用，无法运移至油藏深部，严重制约了大粒径微球的调驱效果。

而采用孔喉封堵理论计算不同粒径微球的封堵率，结果发现，封堵率均超过了 91%，从理论计算结果来看，采用不同粒径的微球进行调驱，都应该产生较好的调驱效果，而且调驱效果差异不大，但是现场试验结果表明，不同粒径的微球调驱效果差异较大，说明孔喉封堵理论不能完整解释聚合物微球调驱的作用机理。

三、H150 区块开发现状及调驱效果验证

胡尖山油田位于陕北斜坡带，为一平缓的西倾单斜构造（图 6－17），长 4＋5 层为特低渗岩性油藏，油藏埋深为 2140m，含油面积为 $67.4km^2$，油层厚度为 11.3m，孔隙度为

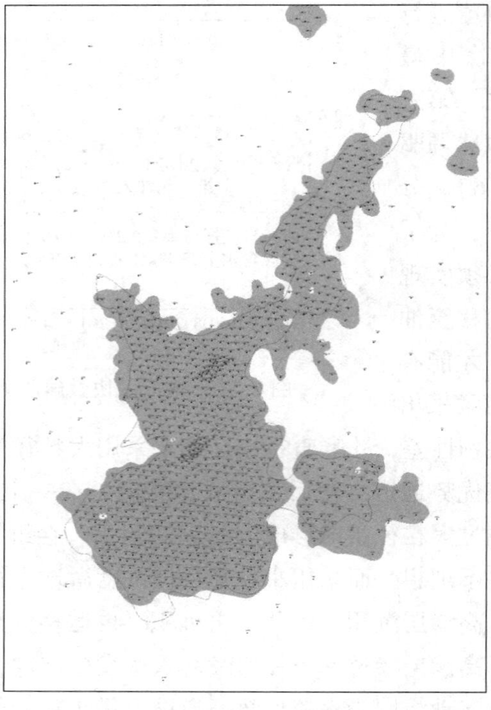

图 6－17　H150 区块长 4＋5 含油面积叠合图

12.3%，平均渗透率为 $1.08\times10^{-3}\mu m^2$，含油饱和度为50%，地质储量为 $3866\times10^4 t$，采用菱形反九点井网规模建产开发(图6-18)。

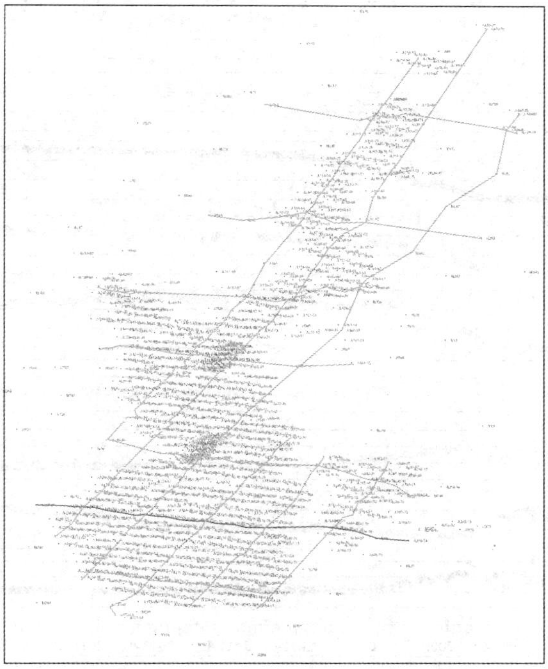

图6-18 H150区块长4+5油藏井位分布图

图6-19是H150区块综合开采曲线，截至2017年，该区油井开井数共600口，日产液共 $1884m^3$，其中日产油为722t，采出程度为6.66%，综合含水已经接近60%。

2018年6月，为了控水增油，在H150区块三个井组，分别开展了50nm、100nm、组合粒径300nm+100nm+50nm的聚合物微球调驱现场试验，试验井组及对应的调驱粒径如图6-20所示。单井注液量共 $5000m^3$，注入浓度为0.1%。

如图6-21~图6-23所示，三种粒径的聚合物微球被注入后，生产动态特征存在较大差异，对比可以看出，只有50nm的聚合物微球及300nm+100nm+50nm组合粒径微球降低了含水率，只有50nm的聚合物微球及100粒径微球增加了日产油量。综合分析50nm的聚合物微球调驱效果明显优于100nm的微球和300nm+100nm+50nm组合粒径微球的调驱效果，进一步证明了小粒径能够发挥较好的调驱效果。

采用增大储层内比表面积、降低渗透率模型对H150区块三个井组的微球调驱机理进行验证，通过该区块平均孔隙度与渗透率值计算可得，S36区块平均孔隙半径为202nm，注入粒径为500nm的微球，调驱效果最好，降水增油效果明显，通过增大储层比表面积、降低渗透率模型计算，发现小粒径微大量进入高渗层，不断运移、沉积、再运移、再沉积，在高渗层深部充填、沉积，增大了高渗层比表面积，降低了高渗层渗透率，使后续注入水发生转向，提高了低渗层波及效率，产生了很好的调驱效果，在相同质量浓度下，50nm的微球数量远远大于100nm的微球数量，其增大储层比表面积、降低渗透率的能力

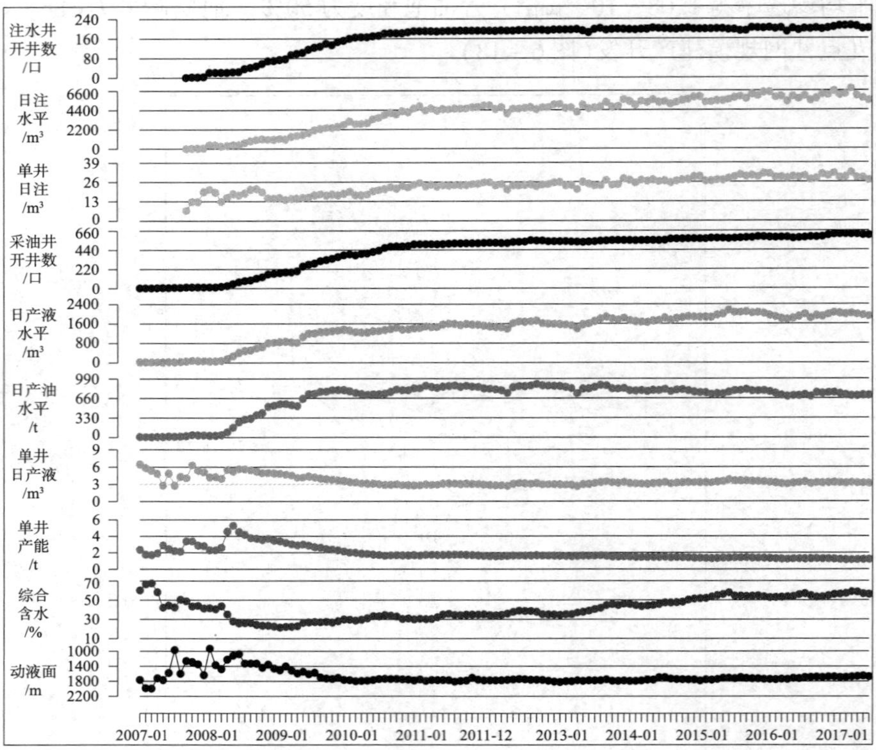

图 6－19　H150 区块综合开采曲线

优于 100nm 的微球，因而其调驱作用更加明显。而不同粒径微球组合段塞并没有发挥很好的调驱效果，主要是因为该油藏孔隙直径较小，比 H－S 区块和 S36 区块都小，不同粒径组合的段塞无法进入储层深部，不能有效发挥调驱作用，因此调驱效果不佳，这种情况在室内物理模拟实验中也得到了印证。

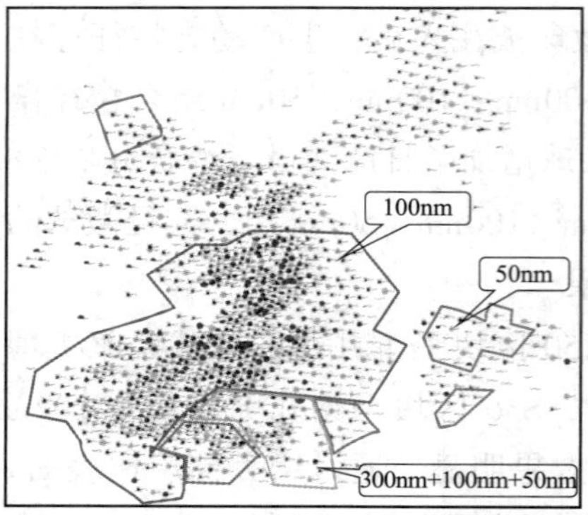

图 6－20　H150 区块聚合物微球调驱范围及对应微球粒径

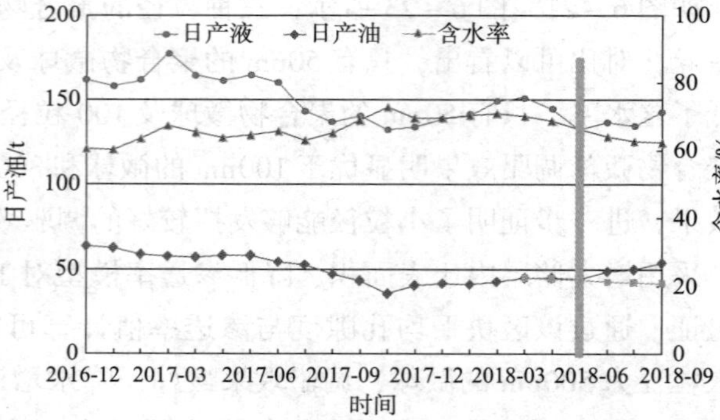

图 6－21　H150 区块 50nm 27 井组生产动态

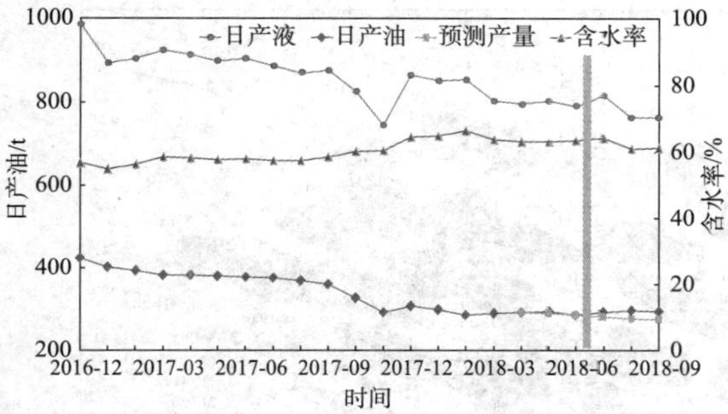

图 6－22 H150 区块 100nm 132 井组生产动态

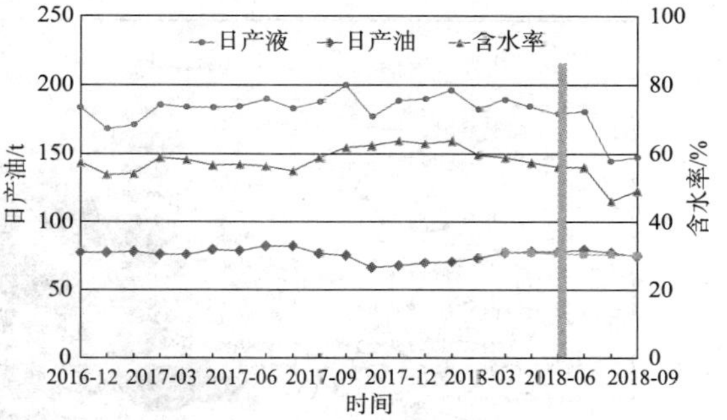

图 6－23 H150 区块 300nm＋100nm＋50nm 组合段塞生产动态

采用孔喉封堵理论计算不同粒径微球的封堵率，结果发现，三种粒径的封堵率均超过了 90%，从孔喉数学模型计算结果来看，采用不同粒径的微球进行调驱，都应该产生较好的调驱效果，而且调驱效果差异不大，但是现场试验结果表明，50nm 的微球调驱效果最好，粒径组合的调驱效果不佳，说明孔喉封堵理论不能合理解释聚合物微球调驱的作用机理。

四、YW 区块注聚合物微球技术建议

YW 区块长 6 油藏（图 6－24）属于典型的低渗油藏，位于延安市安塞区 YW 乡境内，YW 老区位于 YW 区块中部。研究区动用探明含油面积为 63.41km^2，占区块面积的 38.7%，动用探明地质储量共 4227×10^{4}t，占区块总地质储量的 37.7%。如图 6－25 所示，依据前期注水动态监测结果可以看出，YW 优势水驱方向主要为 NE—SW 向，其中 YW 区块中部的 YW16、YW17、YW18、YW20 井组含水率高、水窜速度快。因此，建议在 YW16、YW17、YW18、YW20 井组开展聚合物微球调驱现场试验。

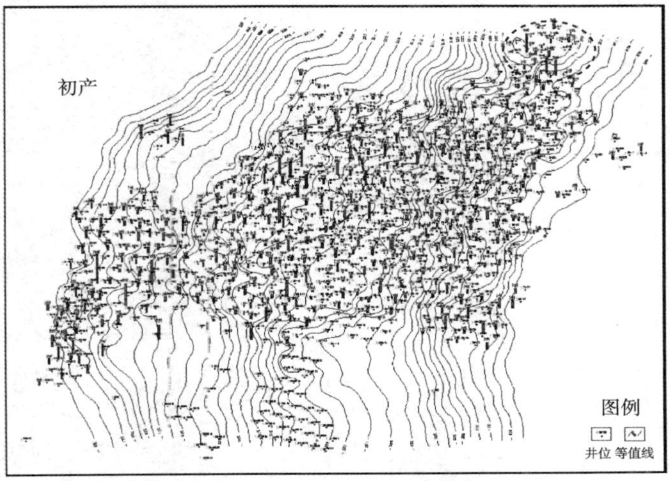

图 6－24 YW 区块长 6_1^{1-2} 初产产量平面分布图

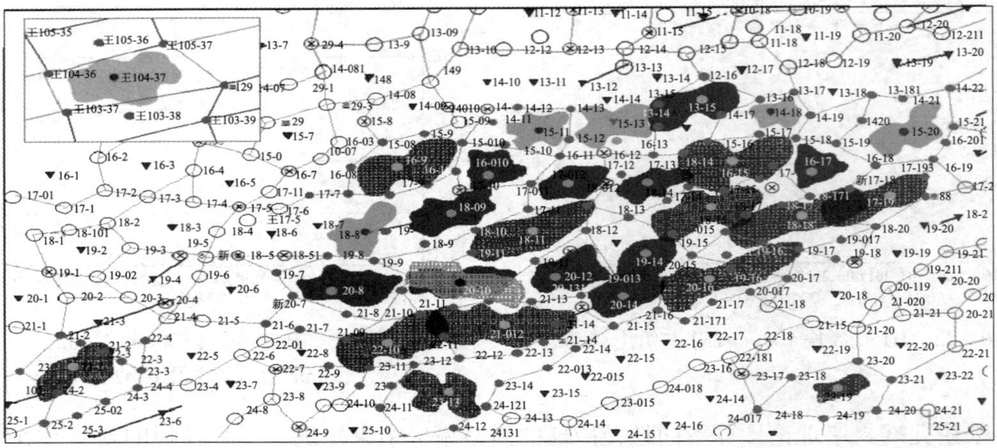

图 6-25　YW 区水驱前缘监测成果图

YW 区块平均孔隙度为 13.5%，平均渗透率为 $1.05\times10^{-3}\mu m^2$，计算可得该区孔喉直径为 498nm。结合室内实验结果、理论模型计算结果、现场试验结果，对 YW 区块现场试验的具体技术建议是：

(1)依据室内物理模拟实验和前期现场试验结果，建议选择 100nm 聚合物微球进行调驱。

(2)依据室内实验结果，确定该区注入微球的浓度为 2000mg/L。

(3)依据现场试验结果，确定单井注入量为 $5000m^3$。

(4)依据井场注水管线的注入能力，确定日注液量为 $20m^3$。

(5)依据室内实验结果，确定注入方式为单粒径连续性稳定注入。

参考文献

[1]惠淑君，杨冰，郭华明，等．不同因素对砂岩含水层介质吸附铀的影响[J]．地学前缘，2021，28(05)：68－78.

[2]郭丽梅，陈晴，高静，等．Gemini型阳离子表面活性剂在砂岩表面吸附及水润性研究[J]．钻采工艺，2015，38(05)：81－84.

[3]徐加放，付元强，田太行，等．两种常用表面活性剂在砂岩表面吸附特性的分子模拟[J]．西安石油大学学报(自然科学版)，2012，27(05)：50－53.

[4]段友智，李阳．磺酸盐驱油体系在多孔隙砂岩中的滞留与吸附损耗[J]．中国石油大学学报(自然科学版)，2011，35(05)：143－145，151.

[5]胡俊明，毛维友，何勤功．碘－淀粉比色法测定微量聚丙烯酰胺[J]．石油化工，1983，2(07)：430－434.

[6]吴新民，罗平亚．阳离子聚合物在黏土表面吸附与解吸附性质研究[J]．西安石油学院学报(自然科学版)，1996，3(03)：38－41.

[7]孔柏岭．聚丙烯酰胺浓度测量方法综述[J]．油田化学，1996，4(03)：93－97.

[8]郭志东，吴燕飚，黄宏光．化学驱油中浊度法测定HPAM浓度的准确性[J]．油田化学，1999，6(02)：167－170.

[9]祝艳荣，刘惠君，刘维屏．低浓度范围内聚丙烯酰胺在黏土矿物上的吸附特征[J]．中国环境科学，2001，7(05)：93－97.

[10]赵仁保，刘淑芹，张金灵，等．用改进的显色法定量测定水溶液中AM/AMPS共聚物[J]．油田化学，2002，8(03)：276－278.

[11]魏举鹏，曹宝格，李华斌，等．疏水缔合聚合物三元复合体系的静/动态吸附行为[J]．钻采工艺，2005，9(06)：93－96.

[12]陈彬，何焕杰，王永红．几种水解聚丙烯酰胺及其相似物浓度测定方法分析[J]．钻井液与完井液，2005，10(03)：66－69.

[13]关淑霞，范洪富，吴松，等．聚丙烯酰胺质量浓度的测定——浊度法[J]．大庆石油学院学报，2007，6(02)：106－109，131.

[14]舒炼，柳建新，吕鑫，等．淀粉－碘化镉法检测聚丙烯酰胺类聚合物浓度测量条件的优化[J]．应用化工，2010，39(11)：1766－1769，1782.

[15]董大鹏，贾忠伟，于佰林．重烷基苯磺酸盐在岩石矿物上的静态吸附[J]．断块油气田，2009，16(01)：105－107.

[16]康万利，张磊，孟令伟，等．两亲聚合物在岩石矿物上的静态吸附研究[J]．应用化工，2012，41(11)：1865－1867，1871.

[17]刘希，伊卓，胡晓娜，等．高温油藏聚合物驱采出液中聚丙烯酰胺浓度的测定[J]．石油化工，2021，50(08)：783－787.
[18]高光耀，冯绍元，黄冠华，等．不同数学模型模拟非均质土壤溶质大尺度运移的对比分析[J]．水利学报，2010，41(02)：164－172.
[19]王全荣．孔隙介质中非常规溶质径向弥散规律解析及数值模拟研究[D]．北京：中国地质大学(北京)，2014.
[20]杨萌．裂隙介质中污染物运移规律研究[D]．温州：温州大学，2017.
[21]黄安达．花岗岩裂隙反应性溶质运移规律研究[D]．济南：山东大学，2018.
[22]韩成林，胡靖邦，李彩虹，等．不同聚合物组合段塞对驱油效率影响的物理模拟[J]．大庆石油学院学报，1994，8(02)：33－38.
[23]邓庆军，赵晓京，胡勇，等．聚合物段塞组合及其对驱油效果影响实验研究[J]．大庆石油地质与开发，2005(02)：78－79，108－109.
[24]孔柏岭，孔昭柯，王正欣，等．聚合物驱全过程调剖技术的矿场应用[J]．石油学报，2008，(02)：262－265，269.
[25]孔柏岭，吴天亚，昌润珍，等．微凝胶与聚合物组合驱复合效应研究及矿场应用[J]．油田化学，2012，29(01)：43－47.
[26]刘承杰，安俞蓉．聚合物微球深部调剖技术研究及矿场实践[J]．钻采工艺，2010，33(05)：62－64，139.
[27]李宜强，曲成永．高岭土对聚丙烯酰胺静吸附与动滞留的影响[J]．海洋石油，2010，30(02)：72－76.
[28]李宜强，曲成永．水溶性聚合物在多孔介质中动态滞留量研究[J]．石油钻采工艺，2011，33(01)：76－79.
[29]张艳辉，戴彩丽，纪文娟，等．聚合物微球调驱机理及应用方法探究[J]．石油与天然气化工，2012，41(05)：508－511，540.
[30]金玉宝，卢祥国，谢坤，等．聚合物微球油藏适应性评价方法及调驱机理研究[J]．石油化工，2017，46(07)：925－933.
[31]杨剑，李斌，白玉军，等．“聚合物微球＋微生物”联合调驱技术[J]．大庆石油地质与开发，2017，36(01)：114－118.
[32]贾玉琴，郑明科，杨海恩，等．长庆油田低渗透油藏聚合物微球深部调驱工艺参数优化[J]．石油钻探技术，2018，46(01)：75－82.
[33]朱家杰，施盟泉，曹荣荣，等．WQ100型聚合物微球理化性质及注入参数优化[J]．西安石油大学学报(自然科学版)，2019，34(05)：73－78.
[34]杨玉伟，渠波，曹培涛，等．裂缝性低渗透油藏聚合物微球/表面活性剂复合段塞调驱技术[J]．钻采工艺，2019，42(03)：53－56，9.
[35]贾晓飞，雷光伦，李会荣，等．孔喉尺度弹性微球运移封堵特性研究[J]．断块油气田，2010，17(02)：219－221.
[36]张雷，马波，郑力军，等．耐温抗盐型水分散相纳米调驱剂的制备及其性能[J]．陕西科技大学学报，2020，38(03)：60－64.

[37]张超，蒲春生，李旭，等．聚合物/微球复合体系深部调驱实验研究及矿场应用[C]. 2021 油气田勘探与开发国际会议论文集(中册)．2021：281－288.

[38]薛芳芳，马波，初立国，等．注采液中纳米级聚合物微球的检测方法[J]．油田化学，2020，37(01)：165－168，177.

[39]刘立华，刘会媛，贾静娴，等．紫外分光光度法对聚丙烯类树脂吸附 Pb^{2+} 的效果研究[J]．南开大学学报(自然科学版)，2020，53（06）：92－96.

[40]姜阿姣，宋兆杰，程婷婷，等．纳米颗粒在岩石表面吸附——脱附规律研究[J]．石油科学通报，2020，5（01）：93－100.

[41]符扬洋，邹剑，张璐，等．渤海 SZ 36－1 油田注聚井聚合物吸附规律[J]．油田化学，2019，36(04)：672－676.

[42]SY/T 6576—2016．用于提高石油采收率的聚合物评价方法[S].

[43]齐晗兵，李舒婷，王秋实，等．聚丙烯酰胺溶液的光谱特性及其浓度光学检测[J]．光谱学与光谱分析，2017，37(05)：1466－1470.

[44]任大忠，周兆华，梁睿翔，等．致密砂岩气藏黏土矿物特征及其对储层性质的影响——以鄂尔多斯盆地苏里格气田为例[J]．岩性油气藏，2019，31(04)：42－53.

[45]任大忠，孙卫，屈雪峰，等．鄂尔多斯盆地延长组长 6 储层成岩作用特征及孔隙度致密演化[J]．中南大学学报(自然科学版)，2016，47(08)：2706－2714.

[46]曹江骏，杨友运，陈朝兵，等．致密砂岩储层骨架砂体构型特征——以鄂尔多斯盆地合水地区延长组长 6 段砂体为例[J]．沉积学报，2019，37(06)：1105－1116，1103.

[47]曹同玉，戴兵，戴俊艳．单分散大粒径聚合物微球的合成及应用[J]．高分子通报，1995，(03)：174－180.

[48]罗正平，张秋禹，谢刚，等．分散聚合研究[J]．高分子通报，2002，(05)：35－40.

[49]杜荣荣，刘祥．反相微乳液聚合制备丙烯酰胺类聚合物微球的研究进展[J]．化工进展，2015，34(08)：3065－3074.

[50]白静，冯彩霞，杨青松，等．Span80－Tween60/液体石蜡/AM/AA 反相微乳液体系稳定性研究[J]．当代化工，2012，41(09)：919－921.

[51]赵怀珍，吴肇亮，郑晓宇，等．Span80－Tween60/白油/丙烯酰胺/丙烯酸钠/H_2O 体系形成反相微乳液研究[J]．石油学报(石油加工)，2005，43(01)：90－95.

[52]王涛，肖建洪，孙焕泉，等．聚合物微球的粒径影响因素及封堵特性[J]．油气地质与采收率，2006，13(04)：81－82.

[53]熊廷江，刘伟，雷元立，等．柳 28 断块聚合物凝胶微球在线调驱技术[J]．石油钻采工艺，2007，29(04)：60－65.

[54]张增丽，雷光伦，刘兆年，等．聚合物微球调驱研究[J]．新疆石油地质，2007，28(06)：749－751.

[55]王代流，肖建洪．交联聚合物微球深部调驱技术及其应用[J]．油气地质与采收率，2008，15(02)：87－92.

[56]贾晓飞，雷光伦，李会荣，等．孔喉尺度聚合物弹性微球膨胀性能研究[J]．石油钻探技术，2009，37(06)：87－90.

[57]陈治中．海上油田聚合物微球深部调驱技术应用研究[D]．青岛：中国石油大学，2010.

[58]刘承杰，安俞蓉．聚合物微球深部调剖技术研究及矿场实践[J]．钻采工艺，2010，33(05)：62－64.
[59]曹毅，邹希光，杨舒然，等．JYC－1聚合物微球乳液膨胀性能及调驱适应性[J]．钻油田化学，2011，28(04)：385－389.
[60]刘伟，李兆敏，李宾飞，等．聚合物微球注入参数优化及运移规律研究[J]．应用基础与工程科学学报，2011，19(06)：886－893.
[61]姚传进，雷光伦，高雪梅，等．非均质条件下孔喉尺度弹性微球深部调驱研究[J]．油气地质与采收率，2012，19(05)：61－65.
[62]宋岱锋．功能聚合物微球深部调剖技术研究与应用[D]．济南：山东大学，2012.
[63]杨俊茹，谢晓庆，张健，等．交联聚合物微球—聚合物复合调驱注入参数优化设计[J]．石油勘探与开发，2014，41(06)：727－730.
[64]武建明，石彦，韩慧玲，等．聚合物微球调驱技术在沙南油田的研究与应用[J]．石油与天然气化工，2015，44(06)：82－85.
[65]梁守成，吕鑫，梁丹，等．聚合物微球粒径与岩心孔喉的匹配关系研究[J]．西南石油大学学报(自然科学版)，2016，38(01)：140－145.
[66]胡泽文，付美龙，陈畅，等．低张力聚合物微球粒径变化规律及油藏适应性研究[J]．科学技术与工程，2016，16(12)：120－125.
[67]金玉宝，卢祥国，谢坤，等．聚合物微球油藏适应性评价方法及调驱机理研究[J]．石油化工，2017，46(07)：925－933.
[68]蒲万芬，赵帅，王亮亮，等．聚合物微球粒径与喉道匹配性研究[J]．油气地质与采收率，2018，25(04)：100－105.
[69]张艳辉，戴彩丽，纪文娟，等．聚合物微球调驱机理及应用方法探究[J]．石油与天然气化工，2012，41(05)：508－511.
[70]冯海柱．聚合物微球调驱技术研究与应用[D]．西安：西安石油大学，2016.
[71]曲文驰，李还向，但庆祝，等．低渗油藏用聚合物微球/表面活性剂复合调驱体系[J]．油田化学，2014，31(02)：227－230，239.
[72]杨怀军，张杰，徐国安，等．高渗油藏聚合物溶液携带弹性微球驱室内实验[J]．石油钻采工艺，2011，33(01)：69－72.
[73]张霞林，周晓君．聚合物弹性微球乳液调驱实验研究[J]．石油钻采工艺，2008，30(05)：89－92.
[74]张鹏，贾振福，周成裕，等．调驱用聚合物微球存在的两个问题及其对策[J]．大庆石油地质与开发，2017，36(04)：96－99.
[75]黎晓茸，张营，贾玉琴，等．聚合物微球调驱技术在长庆油田的应用[J]．油田化学，2012，29(04)：420－421.
[76]衣哲．聚合物微球调驱机理研究[J]．精细石油化工进展，2013，14(06)：1－4.
[77]孙焕泉，王涛，肖建洪，等．新型聚合物微球逐级深部调剖技术[J]．油气地质与采收率，2006，13(04)：78－79.
[78]雷光伦，郑家朋．孔喉尺度聚合物微球的合成及全程调剖驱油新技术研究[J]．中国石油大学学报(自然科学版)，2007，31(01)：88－90.
[79]王海波，肖贤明．海上调剖用乳液聚合物的合成与表征[J]．钻采工艺，2007，30(04)：125－

126，140.

[80]李明远，王爱华，于小荣，等．交联聚合物溶液液流转向作用机理研究[J]．石油学报(石油加工)，2007，23(06)：31－35.

[81]韩秀贞，李明远，林梅钦，等．交联聚合物微球水化粒径影响因素的分析[J]．石油化工，2010，39(03)：321－324.

[82]祝仰文．聚合物驱后石油磺酸盐体系提高采收率室内实验研究[J]．石泪勘探与开发 2007，34(02)：212－215.

[83]马敬昆，蒋庆哲，王永宁．交联聚合物微球的制备及岩心封堵性能研究[J]．石油钻采工艺，2010，32(02)：84－88.

[84]李之燕，陈美华，冈丽荣，等．液流深部转向调驱技术在高含水油田的应用[J]．石油钻采工艺，2009，31(S1)：119－123.

[85]张立娟，岳湘安，王楠．大庆中低渗油层聚合物溶液注入性和驱油性能分析[J]．油田化学，2008，25(03)：235－240.

[86]夏惠芬，蒋莹，王刚．聚驱后聚表二元复合体系提高残余油采收率研究[J]．西安石油大学学报(自然科学版)，2010，25(01)45－49.

[87]尤源，岳湘安，赵仁保，等．非均质油藏水驱后化学体系提高采收率效果研究[J]．钻采工艺 2009，32(05)：30－33.

[88]沈平平，袁士义，邓宝荣，等．非均质油藏化学驱波及效率和驱油效率的作用[J]．石油学报，2004，25(05)：54－59.

[89]岳湘安，王尤富，王克亮．提高石油采收率基础[M]．北京：石油工业出版社，2007.

[90]郭耘，彭森，丁浩．FY 油层深度二元体系调驱技术的研究与应用[J]．西安石油大学学报(自然科学版)，2007，22(04)：60－64.

[91]张霞林，周晓君．聚合物弹性微球乳液调驱实验研究[J]．石油钻采工艺，2008，30(05)：89－92.

[92]宋洪庆，朱维耀，王明．多段塞等渗阻调驱复杂渗流[J]．北京科技大学学报，2009，31(10)：1213－1217.

[93]刘永兵，冯积累，赵金洲．IPNG 颗粒溶液调驱剂的注入性能试验研究[J]．石油天然气学报，2008，30(01)：128－131.

[94]岳湘安，侯吉瑞，邱茂君，等．聚合物凝胶颗粒调剖特性评价[J]．油气地质与采收率，2006，13(02)：81－84.

[95]王鸣川，朱维耀，王国锋，等．纳米聚合物微球在中渗高含水油田的模拟研究[J]．西南石油大学学报(自然科学版)，2010，32(05)：105－108.

[96]曹毅，张立娟，岳湘安，等．非均质油藏微球乳液调驱物理模拟实验研究[J]．西安石油大学学报(自然科学版)，2011，26(02)：48－51.

[97]宋岱峰．功能聚合物微球深部调驱技术研究与应用[D]．济南：山东大学，2013.

[98]曲文驰，宋考平．低渗油藏超细聚合物微球的制备及性能评价[J]．油田化学，2015，32(02)：198－203.

[99]王涛，孙焕泉，肖建洪，等．孤岛油田东区 1－14 井组聚合物微球技术调驱矿场试验[J]．石油天然气学报(江汉石油学院学报)，2005，27(06)：779－781.

[100]樊兆琪，程林松．聚合物微球调剖封堵渗流场可视化及矿场试验[J]．科学技术与工程，2012，12(29)：7543－7546.

[101]Chuanjin Yao，Guanglun Lei，Lawrence M Cathles，Tammo S. Steenhuis. Pore－Scale Investigation of Micron－Size Polyacrylamide Elastic Microspheres（MPEMs）Transport and Retention in Saturated Porous Media[J]. Environ. Sci. Technol.，2014，48（09）：5329－5335.

[102]Chuanjin Yao，Guanglun Lei，Lei Li，Xuemei Gao. Selectivity of Pore－Scale Elastic Microspheres as a Novel Profile Control and Oil Displacement Agent[J]. Energy Fuels，2012，26（08）：5092－5101.

[103]熊春明，唐孝芬．国内外堵水调剖技术最新进展及发展趋势[J]．石油勘探与开发，2007，34(01)：83－88.

[104]刘玉章，郑俊德．采油工程技术进展[M]．北京：石油工业出版社，2006.

[105]沈琛．油田高含水期深部调驱技术文集[C]．北京：中国石化出版社，2008.

[106]胡博仲．大庆油田高含水期稳油控水采油工程技术[M]．北京：石油工业出版社，1997.

[107]李宜坤，李宇乡，彭杨，等．中国堵水调剖60年[J/OL]．石油钻采工艺：1－23[2020－02－26].

[108]许定佳，郑永付，张松，等．调剖驱油技术中弱凝胶体系研究进展[J]．化工进展，2015，34(05)：1323－1331.

[109]魏云云，罗莉涛，刘先贵，等．聚合物凝胶调剖剂配方优选及性能评价[J]．科技导报，2017，35(08)：88－93.

[110]刘煜．黏弹性颗粒驱油剂注入性能研究[J]．西安石油大学学报(自然科学版)，2016，31(05)：60－63，83.

[111]Bai B，Li L，Liu Y，et al. Preformed Particle Gel for Conformance Control：Factors Affecting Its Properties and Applications [J]. SPE Reservoir Evaluation & Engineering，2007，10(04)：415－422.

[112]Zaitoun A，Tabary R，Rousseau D，et al. Using microgels to shut off water in a gas storage well[R]. Houston：International Symposium on Oilfield Chemistry，2007.

[113] Smith J E. Performance of 18 Polymers in Aluminum Citrate Colloidal Dispersion Gels [M]. SPE International Symposium on Oilfield Chemistry. San Antonio，Texas；Society of Petroleum Engineers. 1995.

[114]张玉格，王补森，陈洪彬，等．改进的微悬浮聚合法制备聚合物微球[J]．高等学校化学学报，1992(11)：1485－1487.

[115]赵怀珍，吴肇亮，郑晓宇，等．水溶性交联聚合物微球的制备及性能[J]．精细化工，2005，22(01)：62－64.

[116]Yao C，Lei G，Li W，et al. An Experiment and Simulation of Elastic Microspheres Enhanced Oil Recovery（EMEOR）[J]. Energy Sources，Part A：Recovery，Utilization，and Environmental Effects，2012，34（08）：692－701.

[117]张增丽．孔喉尺度聚合物弹性微球合成及调驱性能研究[D]．青岛：中国石油大学，2008.

[118]贾晓飞，雷光伦，尹金焕，等．孔喉尺度弹性调驱微球与储层匹配关系理论研究[J]．石油钻探技术，2011(04)：91－93.

[119]李蕾，雷光伦，姚传进，等．孔喉尺度弹性微球调整油层分流能力实验研究[J]．科学技术与工程，2015，3(17)：31－34，56.

[120]杨长春，岳湘安，周代余，等．耐温耐盐聚合物微球性能评价[J]．油田化学，2016，20(02)：

254 - 260.

[121] Yang H, Kang W, Yin X, et al. A Low Elastic - Microsphere/Surfactant/Polymer Combined Displacing Method after Polymer Flooding [M]. SPE Kingdom of Saudi Arabia Annual Technical Symposium and Exhibition. Dammam, Saudi Arabia; Society of Petroleum Engineers, 2017.

[122] Tian Q Y, Wang L, Tang Y, et al. Research and Application of Nano Polymer Microspheres Diversion Technique of Deep Fluid [M]. SPE International Oilfield Nanotechnology Conference and Exhibition. Noordwijk, The Netherlands; Society of Petroleum Engineers, 2012.

[123]孙千，李华斌，黄浩，等．吉格森油田柔性微凝胶深部调驱体系室内研究及现场应用——以淖尔区块为例[J]．科学技术与工程，2013，13(20)：5931 - 5935.

[124]高思远．大庆油田二类油层交联聚合物微球调剖剂性能[J]．大庆石油地质与开发，2013，32(04)：112 - 116.

[125]马红卫，李宜坤，朱怀江，等．柔性转向剂作用机理及其先导试验[J]．大庆石油地质与开发，2008(04)：92 - 94.

[126]熊廷江，刘伟，雷元立，等．柳 28 断块聚合物凝胶微球在线调剖技术[J]．石油钻采工艺，2007(04)：64 - 67，124.

[127]付光勇，李辉，陈怀满，等．沈 67 块聚合物微球调驱技术可行性研究[J]．复杂油气藏，2012，5(03)：80 - 83.

[128]林伟民，陈永浩，曹敏，等．深部调剖剂 YG 聚合物微球性能评价与应用[J]．油田化学，2011，28(03)：327 - 330.

[129]陈渊，孙玉青，李飞鹏，等．纳米微球深部调驱技术在河南油田的应用[J]．石油钻采工艺，2012，34(03)：87 - 90.

[130]程诗胜，李晓楠，秦鹏飞，等．F1 断块 E_1f_{2-3} 聚合物微球调驱先导试验研究与应用[J]．复杂油气藏，2012，5(03)：64 - 68.

[131]廖新武，刘超，张运来，等．新型纳米微球调驱技术在海上稠油油田的应用[J]．特种油气藏，2013，20(05)：129 - 132，157.

[132] Liu C, Llao X, Zhang Y, et al. Field Application of Polymer Microspheres Flooding: A Pilot Test in Offshore Heavy Oil Reservoir [M]. SPE Annual Technical Conference and Exhibition. San Antonio, Texas, USA; Society of Petroleum Engineers, 2012.

[133]田永达，易永根，李泽，等．安塞油田聚合物微球调驱技术应用与效果分析[J]．化学工程与装备，2018(07)：98 - 100.

[134]黎晓茸，张营，贾玉琴，等．聚合物微球调驱技术在长庆油田的应用[J]．油田化学，2012，29(04)：419 - 422.

[135]李桂峰．聚合物微球在延长油田特低渗油藏的研究与应用[J]．石油地质与工程，2019，33(05)：80 - 83.

[136]郭超．聚丙烯酰胺凝胶微球调剖剂的制备与性能评价[D]．北京：北京化工大学，2018.

[137]彭浩．低渗透油藏注 CO_2 驱气窜控制方法研究[D]．北京：中国石油大学(北京)，2018.

[138] Abrams A. Mud Design To Minimize Rock Impairment Due To Particle Invasion [J]. Journal of Petroleum Technology, 1977, 29(05): 586 - 592.

[139] Liu Y, Dai C, Wang K, et al. Investigation on Preparation and Profile Control Mechanisms of the Dispersed Particle Gels (DPG) Formed from Phenol - Formaldehyde Crosslinked Polymer Gel[J]. Industrial & Engineering Chemistry Research, 2016, 15(06): 40 - 46.

[140] 姚传进. 孔喉尺度弹性微球渗流机理的实验和模拟研究[D]. 青岛：中国石油大学(华东), 2014.

[141] Yang H , Kang W , Liu S , et al. Mechanism and Influencing Factors on the Initial Particle Size and Swelling Capability of Viscoelastic Microspheres[J]. Journal of Dispersion Science and Technology, 2015, 36(11): 1673 - 1684.

[142] 杨红斌. 低弹性聚合物微球的调剖作用机理研究[D]. 青岛：中国石油大学, 2016.

[143] Yang H, Kang W, Yin X, et al. Research on matching mechanism between polymer microspheres with different storage modulus and pore throats in the reservoir[J]. Powder Technology, 2017, 313: 191 - 200.

[144] Shapiro A A , Bedrikovetsky P G , Santos A , et al. A stochastic model for filtration of particulate suspensions with incomplete pore plugging[J]. Transport in Porous Media, 2007, 67(01): 135 - 164.

[145] 孙玉青. 微纳米弹性微球启动剩余油及提高采收率机理研究[D]. 青岛：中国石油大学(华东), 2011.

[146] 赵玉武，王国锋，朱维耀. 纳微米聚合物驱油室内实验及数值模拟研究[J]. 石油学报, 2009, 30(06): 894 - 897.

[147] 赵玉武. 低渗透油藏纳微米聚合物驱油实验和渗流机理研究[D]. 北京：中国科学院研究生院(渗流流体力学研究所), 2010.

[148] 雷光伦. 孔喉尺度弹性微球深部调驱新技术[M]. 东营：中国石油大学出版社, 2011.

[149] 赵文景，陈军斌，刘振，等. 纳微米聚合物球调驱特性及封堵的几何约束[J]. 西安石油大学学报(自然科学版), 2019, 34(06): 81 - 87.

[150] 雷光伦，李文忠，贾晓飞，等. 孔喉尺度弹性微球调驱影响因素[J]. 油气地质与采收率, 2012, 19(02): 41 - 43.

[151] 洪世铎. 油藏物理学基础[M]. 北京：石油工业出版社, 1985.

[152] 李光辉，葛际江，张贵才，等. 阳离子聚丙烯酰胺微球的黏度特征[J]. 中国石油大学学报(自然科学版), 2015, 39(01): 176 - 181.

[153] 陈哲，徐鹏. 弱凝胶/预交联颗粒复合调驱室内评价[J]. 非常规油气, 2018, 5(05): 58 - 61.

[154] 吴天江，郑明科，周志平，等. 低渗透油藏纳米微球调驱剂封堵性评价新方法[J]. 断块油气田, 2018, 25(04): 498 - 501.

[155] Li J, Liu Y, Na Z, et al. Investigation on the Adaptability of the Polymer Microspheres for Fluid Flow Diversion in Porous Media[J]. Journal of Dispersion Science and Technology, 2014, 35(01): 120 - 129.

[156] 李传亮，张学磊. 管流与渗流的统一[J]. 新疆石油地质, 2007, 15(02): 252 - 253.

[157] Jia Yuqin, Zheng Mingke, Yang Haien, et al. Optimization of Operational Parameters for Deep Displacement Involving Polymer Microspheres in Low Permeability Reservoirs of Changqing Oilfield[J]. Petroleum Drilling Techniques, 2018, 46(01): 75 - 82.

[158] 易萍，周广卿，王石头，等. 纳米聚合物微球调驱封堵机理及现场试验[J]. 西安石油大学学报：自然科学版, 2018, 33(03): 86 - 91.